高含硫气田培训系列丛书

化验与分析

曹英斌　主编

中国石化出版社
·北京·

图书在版编目(CIP)数据

化验与分析 / 曹英斌主编. --北京 : 中国石化出版社, 2025. 5. --(高含硫气田培训系列丛书).
ISBN 978 - 7 - 5114 - 8019 - 4

Ⅰ. TE642

中国国家版本馆 CIP 数据核字第 202516UH15 号

中国石化出版社出版发行

地址:北京市东城区安定门外大街 58 号
邮编:100011　电话:(010)57512446
发行部电话:(010)57512575
http://www. sinopec-press. com
E-mail:press@ sinopec. com
北京科信印刷有限公司印刷
全国各地新华书店经销

*

787 毫米×1092 毫米 16 开本 11. 5 印张 263 千字
2025 年 5 月第 1 版　2025 年 5 月第 1 次印刷
定价：80. 00 元

编写指导委员会

主　　任　张庆生

副主任　蔡东清　王　飞　王德宇　李中超
　　　　　曹英斌　段金宝

成　　员　陈东升　朱机灵　章　胜　祖钦先

编写委员会

主　　任　曹英斌

副主任　刘长松　彭　君　吴红旗　刘　啸
　　　　　刘建亮　于艳秋　臧　磊

成　　员　朱德华　尹琦岭　彭鑫岭　古小红
　　　　　商剑峰　刘红磊　耿安然　杭广社
　　　　　张延风　李永生　王庆银　杨大静
　　　　　韩兴温　周　健　邵志勇

前　言

气田化验与分析是天然气开发中的一项基础工作，它不仅贯穿于气田勘探、开采、加工、输送、贸易的各个环节，更是保障天然气生产系统安全、高效、高质量运行的关键。普光气田自开发建设以来，化验与分析工作实现从无到有，从小到大，化验仪器设备和技术力量不断增强，逐步积累了一套较为成熟的采输化验、净化化验技术操作方法和高含硫气田开发实验室安全管理经验。

在普光气田开发建设20周年之际，为进一步提升高含硫气田实验室管理和业务水平，紧跟实验室数智化转型趋势，固化、传承高含硫气田化验与分析经验，我们组织从事化验与分析的技术专家和技能操作人员，对已有《高含硫气田化验工》和《天然气净化装置分析化验》进行整合，编写完成了《化验与分析》培训教材。本教材内容共分8章，涵盖了高含硫气田气、水、油、硫黄等化验与分析的基础知识、分析方法、基础操作、误差与数据处理等内容。为了方便职工系统学习天然气采输、净化化验相关理论及操作知识，总结提炼了普光气田上下游取样、化验技术和操作经验，力争突出实用性、先进性和规范性，以满足化验专业技术人员、检验人员及相关岗位人员学习和参考需要。

本教材由曹英斌主编，古小红、轩慎友、苟宏统稿。第1章由轩慎友编写，第2章由苟宏编写，第3章由黎贵青、刘莉、苟宏、夏莉、刘超、杨静、吴燕茹编写，第4章由刘莉、轩慎友编写，第5章和第8章由刘莉、苟宏、黎贵青编写，第6章由夏莉、刘超、杨静、吴燕茹编写，第7章由刘莉编写。

本教材在编写过程中，得到了各级领导的高度重视和大力支持，吸取了行业内多位专家学者的意见和建议，祖钦先、马志建、李海凤、李金玲、黄自力、马帆、王勤梅、孙群等专家、技术骨干和技能操作能手为本教材编写贡献了集体智慧、付出了辛勤劳动，在此一并表示衷心的感谢。

高含硫气田开发生产管理经验在不断积累完善，恳请同志们在教材使用过程中多提宝贵意见，为进一步修订、完善提供借鉴和参考。书中不当及疏漏之处尚祈业内专家学者雅正。

目　录

第1章 概 述

分析化验是用物理或者化学的方法检验物质的组分、含量和性质。气田分析化验是采用国家标准、行业标准、企业标准等实验方法，分析检验气、水、油、硫黄、入井液、助剂等理化性质、使用性能和化学组成。高含硫天然气全流程要求具有极高的安全性和绝对的可靠性，要保证生产质量，就必须对井口气到硫黄和天然气的全流程进行严格把控，以实时、精准的化验分析数据为支撑，实现安全生产、质量保证。普光气田根据上下游生产的特点及生产需要分别设置采气厂计量化验站与净化厂计量化验站两个高含硫实验室，各实验室按照工艺需求开展相关化验分析工作。

1.1 高含硫气田实验室发展历程

1)起步建设阶段

净化厂计量化验站的高含硫净化实验室成立于2008年8月。在起步建设阶段，主要通过收集方法标准，整理分析仪器、化学试剂等，为开工做准备。高含硫化验室管理没有成熟样本可以借鉴，自己总结摸索；分析方法没有国家标准、行业标准，就总结建立企业标准；进口分析设备操作没经验，自己多学多练多总结，在最短时间内掌握精密仪器的使用方法。2009年净化实验室配合净化公用工程投产，建立了取样岗、水质分析岗、环境监测岗、溶液分析岗，2010年配合联合装置和硫黄成型装置投产，建立了气体分析岗、硫黄分析岗，2012年建立了润滑油岗。通过边学习、边建设、边工作，实现"引进消化"，具备了全面检测的能力。

2011年5月，根据普光气田开发生产需要，采气厂计量化验站高含硫开发实验室建立。在起步阶段，主要通过自学分析标准、派遣化验人员到仪器厂家学习仪器操作技能，跟兄弟实验室学习相关检测项目分析方法等方式，快速学习掌握了采输系统化验分析基本技能。2012年7月，经过一年多的场地建设和物资、人员准备，高含硫开发实验室正式投产运行。

2)起跑提升阶段

经过十多年的发展，高含硫开发实验室实现了从半自动化到自动化的转变，检测技术和能力明显提高，承担天然气、硫黄、水、酸碱、脱硫液、润滑油等34种样品264项化验分析项目检测工作。快速攻克一批紧迫性技术、突破一批基础性技术。色谱法天然气总硫含量快速测定技术、紫外荧光法天然气总硫含量优化技术、高含硫天然气有机硫分离提升技术，提高了天然气检测的数据稳定性；研发了胺液MDEA、H_2S形成终点智能判断和加液自动控制技术，提高胺液检测效率和准确性；脱硫液中CO_2含量的快速测定技术实现了绿色快速测定；首创脱硫液中氯离子无损检测快速检测技术；优化流程工艺，一体化设计，开发出液硫取样器防凝防喷技术、天然气取样器国产化技术、胺液快速取样技术，提升了样品的代表性、实现样品零排放、降低了维护成本；发明酸性气采样防止了环境污染。形成国家标准 8 项，企业标准 5 项。

高含硫开发实验室经过十几年的发展，在生产中摸索经验。实验室承担着普光气田各井场、集气总站气、液样品的取样，及天然气、产出水、回注水、润滑油、腐蚀挂片等 5 大类样品 39 项化验分析项目的检测工作。通过持续开展 QC 活动，不断提升采输系统产出物分析质量，为气田开发提供技术支撑。在取样方面，改进原有高含硫气体取样设备，解决原取样设备堵塞后无法泄压问题；改进高含硫液体取样工具和流程，解决集气站高含硫液体取样时含硫气体大量逸出造成的环境污染问题，大幅提高取样安全性；编制并修订高含硫气田气、液取样企业标准 2 项，参与含硫天然气取样行业标准的修订。化验方面，优化硫化氢现场检测技术，将碘量法测定硫化氢含量准确性提高了 10%，在多次与第三方实验室开展的比对活动中表现优秀；改进气相色谱仪进样工具，大幅降低进样管线堵塞频次，优化仪器方法参数，减少实验过程中的资源浪费；优化含硫产出水氯离子、硫酸根分析技术，通过增加除硫前处理，消除干扰，提高检测准确度；改造悬浮物分析仪抽滤装置，降低仪器故障率，发明高效安全型滤膜承载架，提高悬浮物实验工作效率；编写制定缓蚀剂浓度分析企业标准。2024 年，实验室为满足深度水处理检测项目需要，引进了外排水分析仪器，目前已完成设备和人员培训，即将投入使用；同时已申报引进凝析油质量检测项目和仪器，以适应近年普光气田陆相气井开发生产需要。

3）领跑新质阶段

高含硫开发实验室必须适应新的形势要求，抓住难得的发展机遇，提升新质生产力。以质量管理体系为纲领、以质量控制为准则、以程序技术文件为标准，以数字化、信息化、智能化为载体，推进质量监督标准化、制度方法标准化、现场管理标准化、过程控制标准化“四化”建设，全力打造国际一流高含硫开发实验室，逐步实现“一流的人才、一流的水平、一流的实验室、一流的装备”的目标。

1.2 高含硫气田化验分析的基本任务

化验分析是组织质量工作、质量控制、质量改进的重要技术手段，是重要的质量信息源。高含硫气田化验分析的基本任务是，对原材料（高含硫天然气）、生产助剂（MDEA）、生产过程中的物料（过程气、酸性气）和半成品（液体硫黄），以及产品（净化气、硫黄）进行检验；承担参与产品质量问题的成因分析和技术验证工作；承担产品质量改进的检验工作；及时反馈和报告产品质量信息，为纠正和预防质量问题，提供参考。

1.3 化验分析的基本准则

1）公正性

公正性指实验室的全体人员都能严格履行自己的职责，遵守工作纪律，坚持原则，严格按照检验工作程序和有关规定行事。在检测工作中，不受来自各个方面因素的干扰和影响，能独立公正地做出判断，始终以客观、科学的检测数据说话。

2)科学性

科学性指应具有同化验分析任务相适应的技术能力和质量保证能力。人员的素质和数量的配备能满足检测工作任务的需要。分析仪器设备和检验环境条件符合检测的技术要求。对全过程可能影响化验分析工作质量的各个要素，都实行有效的控制和管理，能够持续稳定地提供精准可靠的分析结果。

3)及时性

及时性指化验分析服务要快速及时。保障及时性，需精心安排，严格执行检测计划，做好检测过程各项准备工作。试样的制备、仪器设备的校准、环境技术条件的监控、人员的培训以及操作等都应按照技术规范进行。化验分析过程不出和少出现差错、误时、仪器设备故障等影响分析顺利进行的现象，以保证分析工作的及时性。

4)保密性

保密性是实验室通用要求，也是实验室客户、外部监管机构重点关注的内容。保密的内容可能是国家秘密、商业秘密或者技术秘密。实验室人员应知道哪些内容涉密，不泄露与实验室相关的任何秘密，实验室在客户处获得的，或者在实验过程中产生的各项秘密，都应保密，实验室从客户以外的渠道得知的秘密，应在实验室和客户之间保密，实验室依据法律要求或合同授权透漏保密信息时，应将所提供的信息通知到相关客户。

1.4 化验分析的作用

通过化验分析能评定原料和产品的质量，检查工艺过程是否正常，从而及时、正确地指导生产。此外，通过化验分析可以实现经济合理地使用原料、助剂，及时发现并消除生产的缺陷，减少不合格品，提高产品质量，因此化验分析被誉为“工业生产的眼睛”。

1)促进气田生产安全

天然气行业是一个特殊的行业，对于安全的要求较高。只有以安全为本，才能保证企业员工人身安全，帮助企业提高自身效益。通过化验分析对化工生产中的各类要素进行及时预测并制定有效的控制措施，从而为生产环境构建出安全、稳定的环境。

2)保证产品质量

数据分析是确保产品满足设计性能要求和质量要求的基本保障，同时也是持续提升产品质量的关键措施和手段。实验室通过性能检测提前消除影响产品质量的内在因素，是企业生产过程质量控制的重要手段，也是企业应对市场有效提高快速反应能力的一种途径。

3)减少环境污染

高含硫气田企业对环境的污染较大，在生产环节，会伴随一定数量的废弃物排放，这类废弃物会影响自然生态系统及人们的正常生活。当前，人们倡导绿色、节能、环保，通过化验分析，能够对企业排放的各类废弃物进行科学管理，针对后期出现的污染物进行分析控制，帮助企业降低环境污染。

4）降低生产运行成本

在气田高质量发展上，企业成本的把控十分重要，直接关乎气田的经济效益。利用化验分析，及时掌握生产动态，适时调整工艺方案，从而帮助企业制定、调整成本控制方案。在高含硫气田生产净化中，需要消耗大量的能源和资源，为了满足绿色生产要求，需要对能源和资源的消耗量进行控制。通过化验分析，即可达到这一目的，并帮助企业针对自身需求来调节、控制，从而最大限度提升资源利用率。

1.5 实验室数字化转型

实验室数字化转型是把日常的数据分析数字化与标准化，通过算法和机器学习，把人工的经验变成数字知识进行传承。实验室数字化转型分为信息化、数字化、智能化3个阶段。

1）实验室信息化阶段

实验室信息化就是将积累的众多数据或者导入外部数据建立数据仓库进行再利用，比如优化业务过程，让信息系统数据录入更快捷，质量更精准，大大提高了实验人员的工作效率。以实验人员为中心，将实验设备、环境数据、实验方法、试剂信息等文件数据结合起来，打通完整的信息体系，快速完成实验。实现在系统中完成实验任务分配、数据自动录入、快速发布信息、生成实验报告等，便捷保证整体流程质量。

实验室业务信息化转型的标志是业务的线上化，告别传统的线下繁杂业务体系。从在线委托、在线送样、在线查询分析进度、在线获取报告、在线咨询等各个维度，实现业务信息化转型。业务信息化能有效管理实验室的业务体系，使整个流程更加透明、规范、高效。实验室数字化系统能提供完善的在线下单平台、查询平台、交互平台，同时有完善、灵活的表单编制、流程编制功能，方便实验室业务体系的快速迭代与升级。

LIMS 系统共设计12个功能模块，包括系统管理、基础数据管理、检测业务管理、检测数据管理，以及质量控制、质量体系、系统集成、人员、仪器、物资、文件、环境等的管理，具体见图1-1。

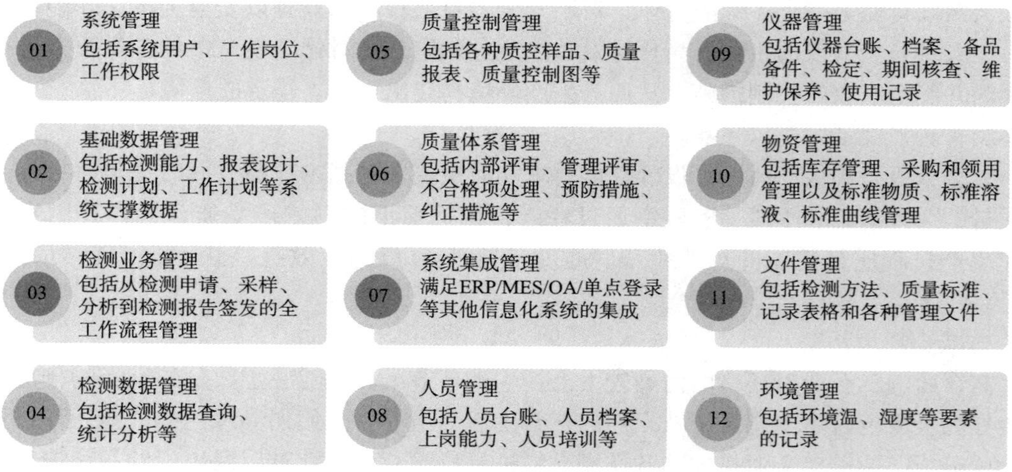

图1-1 实验室信息化模块示意

2）实验室数字化阶段

实验室数字化是在信息化的基础上，通过一定时期的数据积累和分析，不断优化业务流程、精简业务体系，实现实验室业务流程再造。实验室数字化系统见图1－2。同时根据大数据分析，为业务拓展、资源布局提供数据支撑，确保实验室能有效调整自身业务体系，从而更加符合市场发展的定位。近年来，实验室业务数据的监管数字化要求提升，《检测和校准实验室能力的通用要求》（ISO/IEC 17025：2017）7.11条款、《检验检测机构资质认定能力评价　检验检测机构通用要求》（RB/T 214—2017）4.5.16条款，都对实验室信息系统也提出更高要求，强调了“数据”的重要性。越来越多的实验室意识到数字化转型升级对于自身及行业发展的重要性。

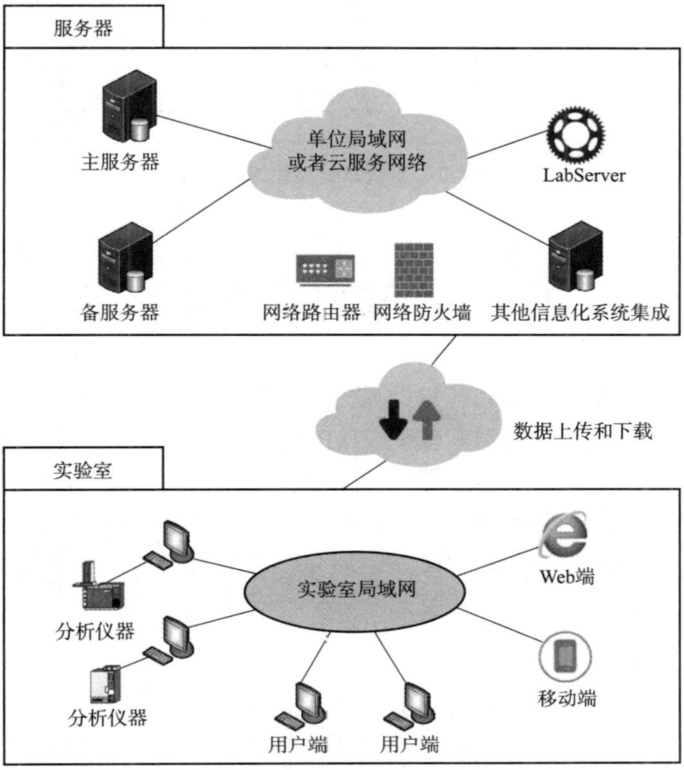

图1－2　实验室数字化系统示意

3）实验室智能化阶段

实验室智能化，是在数字化的基础充分利用IoT、AI、5G等先进技术，结合智能设备，深入利用大数据与深度学习算法等技术，更智慧地管理实验室的人、环境设施和设备整体运行。

智能化的业务转型是在大数据分析和运行实践的基础上，实现智能接单、智能审核、智能非标业务定制等个性化功能，通过大量的数据知识积累和行为确认，确保实验室智能化的可靠性。实验室智能化系统示意见图1－3。

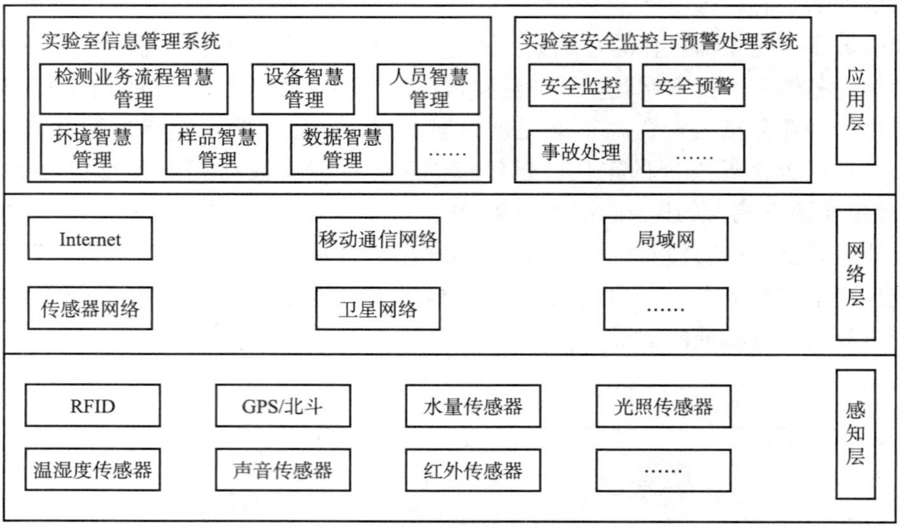

图1－3　实验室智能化系统示意

1.6　实验室质量管理

实验室质量管理是指通过建立有效的质量管理体系，对实验室的各项活动进行全面、系统、科学的管理和控制，以确保实验室的检测结果准确、可靠、可追溯，并满足相关法律法规、技术规范和客户要求。在实验室质量管理体系中，为了保证分析数据的准确可靠，有必要对分析过程及其各阶段中可能影响报告质量的因素加以确定，并采取相应的措施对这些因素进行管理和控制，确保实验室质量管理分析环节的各个过程处于受控状态，以保证最终分析报告的质量。

1.6.1　管理要素

化验分析工作中对检测结果有重要影响的要素主要有人员配置、分析设备、实验试剂、方法选择、设施和环境条件以及测量溯源等，因此在质量管理标准化实施中应格外重视这些主要影响要素。

1)人员配置

人员通过是实验室技术要求的基本要素，应配备不同学科和专业技能的人员，以满足各岗位的需要。各级人员的培训和考核，可通过制订培训计划和考核制度来实现，提高技术人员的业务素质。

2)分析设备

分析设备是化验分析的工具，其管理可以通过仪器设备管理制度来实现。分析仪器设备的管理应覆盖其全生命周期，包括设备技术参数论证、招标采购、安装调试、检定校准、设备验收、资料归档、使用维护、性能评估、报废处理等环节。在仪器设备使用环节，可针对具体的检测项目制定仪器设备使用或操作规则，建立仪器设备使用、维护和验证记录制度。

3)实验试剂

试剂的质量对分析结果有较大的影响，究其原因主要是试剂不纯，如含有被测组分、试剂失效或灵敏度低等，因此开展分析时需要根据试剂的技术要求进行验证或根据试剂的质量要求进行确认；同时，必须建立试剂质量验证或确认记录制度以及供应商管理制度，为正确采购试剂提供依据。

4)分析方法

分析方法分为标准方法和非标准方法。选择标准方法时，优先选择国家标准、行业标准或地方标准，也可以选择客户指定的最新、有效的国际或区域标准。在非标准方法选择上，可以选择国家或行业主管部门、知名技术组织的技术方法，或实验室自制的方法。非标准方法使用前需要确认，主要通过资料审查和技术审核两方面进行。在资料审查方面，主要通过分析方法文件、方法研究报告、实验报告、比对实验或能力验证报告等进行评价；在技术审核方面，主要通过分析原理、可操作性、准确性、重复性及再现性等进行评价。非标准方法必须经实验室技术负责人批准后才能使用。无论是什么因素导致分析方法的偏差或采用非标准方法，必须经技术判断、授权和客户同意。

5)设施和环境条件

在设施和环境条件方面，实验室除了配置相应的检测设备外，应考虑对实验产生的废气、废水和废渣等进行收集、降解以及无害化处理，不得随便排放或丢弃，避免对环境产生污染或危害人们身体健康。

6)测量溯源

测量溯源是测量结果有效的基础，测量的可追溯性可通过计量检定或校准来实现，因此，所有对分析结果有影响的测量仪器或测量设备在使用前必须经过检定或校准，保障计量器具量值准确可靠。

1.6.2 质量控制

质量控制尤为重要，分析质量控制是实验室做好分析工作的重要环节，是把分析工作中的误差减小到一定的限度，用以控制和减小误差的重要手段，其目的是确保分析数据的准确可靠并保持在给定的置信水平内。从实验室管理的角度上来看，质量控制分为预先控制、过程控制和事后控制，这三个控制阶段相互影响并形成一个循环的过程。

1)预先控制

预先控制是质控工作的起点，是在室内环境分析工作开始之前所实施的控制。所以预先控制也是预防性的控制，即以避免产生错误，尽量减少日后的纠正活动为目的的控制活动。如质量体系程序文件、质量保证计划、人员训练和培训计划等都属于预先控制。

2)过程控制

过程控制是在实验的进行过程中实施的控制。实验室的分析过程一般是下达取样和分析任务后，取样人员按要求采集样品并送往实验室分析，实验人员确认仪器设备和环境符合要求后开始进行化验分析。实验室的分析过程控制分为现场控制和实验室内的控制。

(1)现场取样质量控制。

现场取样质量控制和质量保证工作可确保样品具有代表性、完整性，能全面准确地反映该样品浓度的分布和变化规律。

(2)样品保存的质量控制。

实施检测前必须创造一个清洁整齐便于操作的环境，应尽量减少室内温度、湿度、电压波动、空气中污染成分对化验分析的影响。

(3)检测过程的质量控制。

①确保样品在接收、制备和测试过程中的原始特性，未受污染或变质。

②测试前应做好以下各项准备工作：核对样品标签、检测项目和相应的检测方法。按检测方法的要求准备仪器和器具；使用符合分析要求的药品；按检测方法配制试剂。检查检测现场清洁、温湿度等可能影响测试质量的环境条件；选用规范的原始记录表。

③检测过程需按检测方法和作业指导书操作，当测试过程出现异常现象应详细记录，并及时采取措施处置。

④随同样品测试做空白实验、标准物质测试和控制样品的回收率实验。

⑤常规样品的检测至少应做平行实验。样品的有效成分测定、常量分析、新开验项目、复测或疑难项目的检测应做双实验或多实验，做单实验的样品和项目应在进行评估后进行。

⑥检测人员应在原始记录表上如实记录测试情况及结果，字迹清楚，划改规范，保证记录的原始性、真实性、准确性和完整性。

⑦确保检测人员对检测方法的计算公式理解正确，保证检测数据的计算和转换不出差错，计算结果进行自校和复核。如果检测结果用回收率进行校准，检测结果的有效位数与检测方法中的规定相符，计算所得数据的有效位数多保留一位数字，按照《数值修约规则与极限数值的表示和判定》(GB/T 8170—2008)进行修约。

3)事后控制

事后控制是质控过程的终点，把好最后这一关，可以及时地发现和修正错误，改善质量保证体系。实验的事后控制通过数据与记录的控制内审管理评审实现。

1.6.3 质量监督

1)实验室质量监督的定义

实验室质量监督是指为了确保实验室内的检测/校准活动满足实验室质量管理体系所的要求，对实验活动中的人员、设施、环境等影响实验数据的因素进行连续的监视和验证，并对记录进行分析。它是完善质量管理体系的一个重要方面，同时也是管理者对检测/校准工作实施监管的一个重要渠道。质量监督不是一种个人行为，它是在一个机构最高管理者的授权下开展的，代表最高管理者实施质量监督，是检测/校准全过程有效运行的保证。

2)质量监督的目的

通过质量监督员对操作人员在日常检测活动的现场操作过程进行监督，及时纠正或制止检测过程中发生的偏离，确保检测结果的最终准确性，是管理者对日常检测工作实施监管的一个重要渠道，能有效完善检验检测机构的质量管理体系。

3)质量监督的内容

实验室质量监督就是为了满足质量管理的要求，对机构的各种分析活动进行连续的监督和验证，并对记录进行分析。它的特点是形式多样、没有限定和固定时间要求，但这并不意味着是随意的、没有计划性的。“连续的”是指它是持续的并具有一定频次的。它需要有工作程序(程序文件)、监督计划、实施细则以及监督记录作为执行依据和指导。质量监督内容包括“人、机、料、法、环”等。

(1)人——监督对象。主要是检验检测人员，重点监督新上岗人员、培训人员。监督他们是否具备相应资格，持证上岗；是否严格执行作业指导书规定的程序和方法；是否及时、准确、清晰、完整地填写实验记录。

(2)机——仪器设备。监督检测活动使用的仪器设备是否正常运行，是否在有效检定、校准周期内，是否按规范如期保养以及是否进行期间核查，仪器的运行、维修、检定、期间核查、保养记录是否完整。

(3)料——检测样品和实验所用材料包括标准物质、试剂和消耗性材料等。抽样、委托检验样品标识清晰，具有唯一可识别性。样品制备、样品流转是否符合质量体系要求，样品记录与管理是否规范，是否留有备样，备样封存是否符合要求。监督所使用的标准物质、试剂和消耗性材料是否符合实验要求，保管、领用、登记是否规范。

(4)法——检测标准方法。监督检测标准方法是否适合样品检测要求，是否现行有效，是否进行受控管理。对于已经变更的检测标准，是否进行标准变更申请，是否仍具备检测能力、验证实验、作业指导等。采用非标方法时，是否经客户同意，是否进行过技术判断及确认等。

(5)环——检测环境。监督检测环境温湿度控制等条件是否符合实验要求，是否按规定进行环境监控记录。

(6)其他。除上述检验检测现场操作监督外，还有必要进行原始记录、数据处理及检测报告等资料信息方面的监督。原始记录书写格式是否统一，填写是否规范，数据处理是否准确，是否使用国际单位；检测报告的检验信息内容是否准确、用语是否规范、结论是否正确等。

1.6.4 质量管理标准化

实验室质量管理标准化，对保障实验或测量数据的真实准确性有着重要的现实意义。

1)质量管理标准化目标

通过检测实验室的标准化管理可规范检测过程，提高检测数据的可靠性、准确性和科学性。检测实验室质量方针是一个实验室对于体系管理的态度以及了解的综合体现；并且应依据质量方针来确定质量目标，同时对目标考核作出解释。质量方针应该公正准确、质量至上；保证公正、科学、准确、高效。就检测实验室而言，影响检测报告质量的各种技术、管理方式、资源和保证手段在检测报告的形成过程中有机地结合在一起，以实现共同的质量方针和质量目标，相互协调和配合，充分发挥各级组织和个人的能力，各尽其职、共同参与。

2)质量管理标准化内容

实验室标准化管理指依照国际规范完成分析检测的整个操作。国际公认的实验室认可准则《检测和校准实验室能力的通用要求》(ISO/IEC 17025：2017)是对实验室能力的常规要求，根据该要求的基本框架建立的质量体系，是文件化、具体化、规范化、模式化的管理体系，主要包括质量管理手册、程序文件、作业指导书、工作记录等四个层次的文件。其中，质量管理手册主要是针对质量方针和目标的文件；程序文件是具体的管理和控制阶段的文件；作业指导书是每一个具体程序中的详细操作文件；工作记录是用于记录的实用表格。以上文件是检测实验室质量体系中必不可少的部分，是检测人员行为的有效准则。

3)标准化实施关键

(1)工作流程。明确流程的划分是检测实验室质量管理体系建立与运行的有效措施。流程划分的突出作用是将每一个步骤的责任范围细化，可以全面掌控整个质量控制的巡视范围，对工作的衔接性作出有效判断；其次，根据衔接性的判断进行步骤的确定。这样流程划分具有详细性，责任范围具体，质量管理会更加有效。

(2)岗位职责。根据化验分析工作流程的划分建立实验室关键岗位，例如实验室设有实验室主任、技术负责人、质量负责人等重要岗位，对实验室的发展规划、技术保障及质量把控等方面起着重要的作用；检测技术人员对仪器设备操作的规范性及检测结果的准确性负有主要责任。在管理体系运行中，还设有质量监督员、内审员等，其主要对体系运行的各环节进行监督，在不同的岗位间起协调沟通作用，同时保障实验室信息的传达通畅与有效。

(3)技术要求。检测工作中对检测结果有重要影响的要素主要有人员配置、分析设备、实验试剂、方法选择、设施和环境条件以及测量溯源等，因此在质量管理标准化实施中应格外重视这些主要影响要素。

4)体系运行

(1)检测工作程序。根据实验室认可标准《检测和校准实验室能力的通用要求》(ISO/IEC 17025：2017)和《检测和校准实验室能力的通用要求》(GB/T 27025—2019)，按照质量管理手册、程序文件、作业指导书、工作记录等四个层次的文件运行，实现检测工作管理程序化；同时，通过实施质量管理手册、程序文件、作业指导书及规定的各类记录，来检验质量管理体系文件的适用性和有效性。

(2)持续改进。在实验室质量管理体系中，内部审核和外部审核是非常重要的环节，可以确保质量体系的有效性，通过一定的改进措施来促进其更加完善和具体。内部审核和外部审核的开展，有助于满足管理评审对材料及相关信息的需求，从而不断提高实验室的管理水平和管理质量。

思考与练习

1. 如何理解高含硫气田化验分析的任务？
2. 化验分析要遵守怎样的基本准则？
3. 化验分析在生产中的作用是什么？
4. 如何实现实验室数字化转型？
5. 归纳实验室质量控制的基本要素及方法。
6. 实验室质量监督如何实现？
7. 实现实验室质量管理标准化的路径是什么？

第 2 章　实验室基础知识

实验室常用器皿、移液器、加热辅助设备的规范使用与维护，玻璃仪器的清洗，实验用水的纯化，是实验室开展分析检测的基础。本章重点对实验室常用器皿、移液器、滤纸与试纸、实验室常用加热设备、分析用水的制备和检验、常用标准溶液和指示剂的配制方法作了阐述。

2.1　实验室常用器皿

实验室常用的仪器按其性能和材料的不同，分为玻璃器皿、瓷器皿、玛瑙器皿、金属器皿、塑料器皿等，各分类中根据其用途又有各种型号和规格的器皿。通过了解实验室常用仪器及设备的性能、规格和用途，熟悉其使用方法，养成良好的规范操作习惯，为今后的操作实训奠定基础。

进行化验分析工作，要用到各种器皿。熟悉常用器皿的规格、性能、正确使用方法和保管方法，对于规范操作、准确地报出分析结果，延长器皿的使用寿命和防止意外事故的发生，都是十分重要的。

2.1.1　常用玻璃器皿

玻璃器皿是实验室最常用的仪器。虽然它会受到某些化学试剂（主要是碱）和氢氟酸（HF）的侵蚀，但因其具有良好的明度、相当好的化学稳定性（HF 除外）、较强的耐热性、良好的透明性和绝缘性能、价格低廉、加工方便、适用面广等一系列优点，而在分析化学实验室中被广泛使用。

玻璃的主要成分为二氧化硅（SiO_2）。因氧化钙（CaO）、氧化钠（Na_2O）、三氧化二硼（B_2O_3）、硼砂（$Na_2B_4O_7 \cdot 10H_2O$）及硅酸盐等的含量不同，分为普通玻璃、硬质玻璃、石英玻璃。定量分析用一般玻璃仪器和量器类玻璃仪器化学成分以及具体性能见表 2－1，常用玻璃仪器及注意事项见表 2－2。

表 2－1　定量玻璃器皿及注意事项

玻璃类别	主要成分及含量	可制作仪器类别、性能及主要仪器的名称
普通玻璃（钠钙玻璃）	SiO_2：70% ~75% Na：12% ~14% Ca：3% ~4%	量器类，不宜加热。常用的有：量筒、试剂瓶、容量瓶、滴定管、比色管、吸管等

续表

玻璃类别	主要成分及含量	可制作仪器类别、性能及主要仪器的名称
硬质玻璃(硼硅玻璃)	SiO_2：80% B：12% ~13% Na、K：4% ~6%	容器类、烧器类，可加热。常用的有：烧杯、试管、锥形瓶、蒸馏瓶等
石英玻璃	SiO_2：99.5%	痕量分析及光学分析类，耐高温、耐酸性(HF 除外)、能透过紫外线。常见的有：比色皿、蒸发皿、坩埚等

表 2-2　常用玻璃仪器及注意事项

名称及简图	主要用途	注意事项
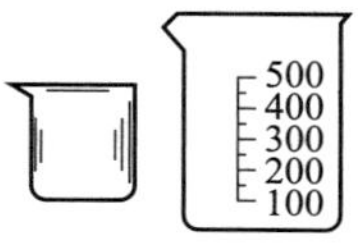 烧杯	配制溶液、溶解样品等	加热时应置于石棉网上，使其受热均匀，一般不可烧干
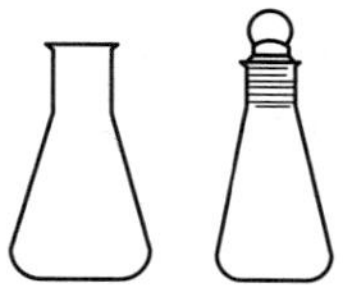 锥形瓶　具塞	加热处理试样和容量分析滴定	除有与上述相同的要求外，磨口锥形瓶加热时要打开塞，非标准磨口要保持原配塞
 碘瓶	碘量法或其他生成挥发性物质的定量分析	同锥形瓶
 圆(平)底烧瓶	加热及蒸馏液体	一般避免直火加热，隔石棉网或各种加热浴加热
 圆底蒸馏烧瓶	蒸馏；也可作少量气体发生反应器	同圆底烧瓶
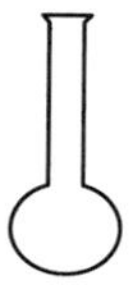 凯氏烧瓶	消解有机物质	置石棉网上加热，瓶口方向勿对向自己及他人

续表

名称及简图	主要用途	注意事项
 洗瓶	装纯化水洗涤仪器或装洗涤液洗涤沉淀	玻璃制的带磨口塞；也可用锥形瓶自己装配；可置石棉网上加热；聚乙烯制成的不可加热
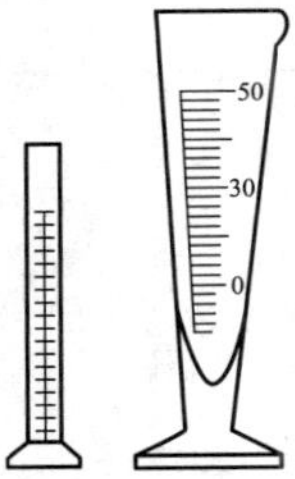 量筒、量杯	粗略地量取一定体积的液体	不能加热，不能在其中配制溶液，不能在烘箱中烘烤，操作时要沿壁加入或倒出溶液
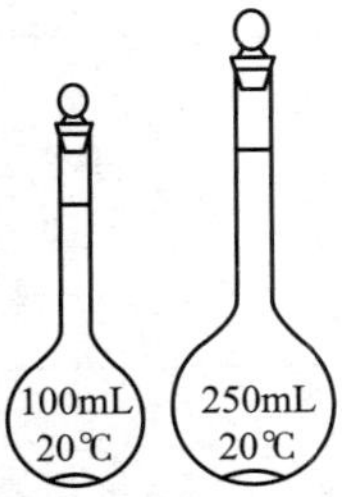 容量瓶	配制准确体积的标准溶液或被测溶液	非标准的磨口塞要保持原配；漏水的不能用；不能在烘箱内烘烤，不能用直火加热，可水浴加热，不可长期存放溶液，不用时磨口用纸垫上
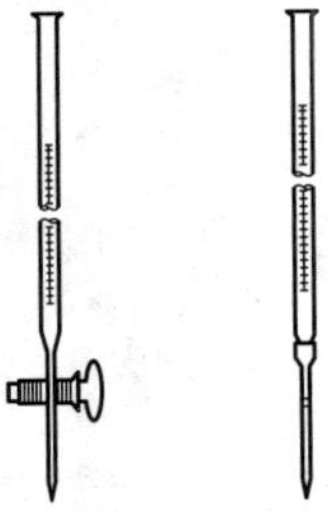 酸式滴定管　碱式滴定管	容量分析滴定操作；分酸式、碱式	活塞要原配；漏水的不能使用；不能加热；不能长期存放碱液；碱式滴定管不能放能与橡皮产生作用的滴定液
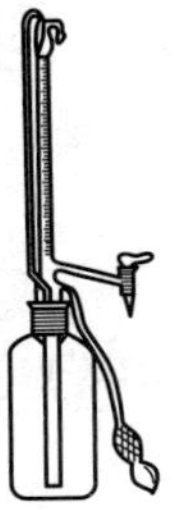 自动滴定管	自动滴定；可用于滴定液需隔绝空气的操作	除有与一般的滴定管相同的要求外，注意成套保管，另外，要配打气用双连球

续表

名称及简图	主要用途	注意事项
 移液管	准确地移取一定量的液体	不能加热；上端和尖端不可磕破
 刻度吸管	准确地移取各种不同量的液体	不能加热；上端和尖端不可磕破
 称量瓶	矮形用作测定干燥失重或在烘箱中烘干基准物；高形用于称量基准物、样品	不可盖紧磨口塞烘烤，磨口塞要原配
 试剂瓶：细口瓶、广口瓶、下口瓶等	细口瓶用于存放液体试剂；广口瓶用于装固体试剂；棕色瓶用于存放见光易分解的试剂	不能加热；不能在瓶内配制在操作过程放出大量热量的溶液；磨口塞要保持原配；放碱液的瓶子应使用橡皮塞，以免日久打不开
 滴瓶	用来装需滴加的试剂	不能加热；不能在瓶内配制在操作过程放出大量热量的溶液；磨口塞要保持原配；放碱液的瓶子应使用橡皮塞，以免日久打不开
 漏斗	长颈漏斗用于定量分析，过滤沉淀；短颈漏斗用作一般过滤	不可直接用火加热
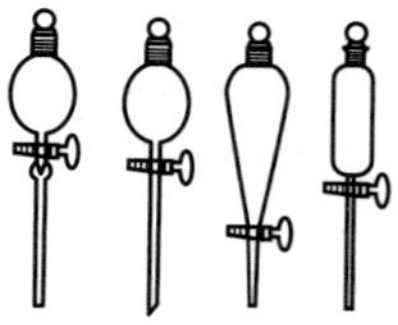 分液漏斗：从左到右依次是滴液、球形、梨形、筒形	分开两种互不相溶的液体；用于萃取分离和富集（多用梨形）；制备反应中加液体（多用球形及滴液漏斗）	磨口旋塞必须原配，漏水的漏斗不能使用

续表

名称及简图	主要用途	注意事项
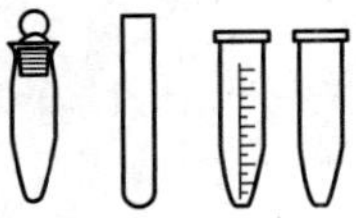 试管：普通试管、离心试管	定性分析检验离子；离心试管可在离心机中借离心作用分离溶液和沉淀	硬质玻璃制的试管可直接在火焰上加热，但不能骤冷；离心管只能水浴加热
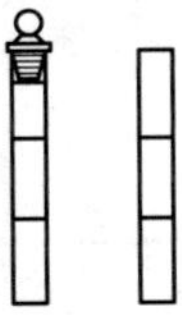 (纳氏)比色管	比色、比浊分析	不可直火加热；非标准磨口塞必须原配；注意保持管壁透明，不可用去污粉刷洗
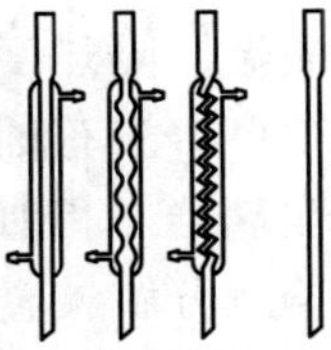 冷凝管：从左到右依次是直形、球形、蛇形、空气冷凝管	用于冷却蒸馏出的液体。蛇形管适用于冷凝低沸点液体蒸汽，空气冷凝管适用于冷凝沸点 150℃ 以上的液体蒸汽	不可骤冷骤热；注意从下口进冷却水，上口出水
 抽滤瓶	抽滤时接收滤液	属于厚壁容器，能耐负压；不可加热
 表面皿	盖烧杯及漏斗等	不可直火加热，直径要略大于所盖容器
 研钵	研磨固体试剂及试样等用	不能研磨可与玻璃作用的物质；不能撞击；不能烘烤
 干燥器	保持烘干或灼烧过的物质的干燥；也可干燥少量制备的产品	底部放变色硅胶或其他干燥剂，盖磨口处涂适量凡士林；不可将红热的物体放入，放入热的物体后要时时开盖，以免盖子跳起或冷却后打不开盖子
 垂熔玻璃漏斗	过滤	必须抽滤；不能骤冷骤热；不能过滤氢氟酸、碱等；用毕立即洗净

续表

名称及简图	主要用途	注意事项
 垂熔玻璃坩埚	重量分析中烘干需称量的沉淀	必须抽滤；不能骤冷骤热；不能过滤氢氟酸、碱等；用毕立即洗净
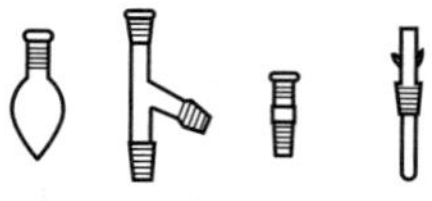 标准磨口组合仪器	有机化学及有机半微量分析中制备及分离	磨口处无须涂润滑剂；安装时不可受歪斜压力；要按所需装置配齐

2.1.2　常用瓷质器皿

陶瓷材料在性能上有其独特的优越性，在热和机械性能方面，有耐高温、隔热度、耐磨耗等特点。对酸、碱的稳定性均优于玻璃，而且价廉易购，故应用也很广。涂有釉的瓷器皿吸水性极低，易于恒重，常用作称量分析中的称量器皿。瓷器皿和玻璃器皿相似，主要成分仍然硅酸盐，所以不能用氢氟酸在瓷皿中分解处理样品，不适于熔融分解碱金属的碳酸盐、氢氧化物、过氧化物及焦硫酸盐等。厚壁瓷器皿在蒸发和高温灼烧操作中，应避免温度的骤然变化和加热不均匀现象，以防破裂。常用瓷器皿见表 2-3。

表 2-3　瓷器皿

名称及简图	规格	一般用途
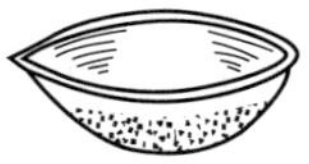 蒸发皿	涂釉、无釉，容量（mL）：15、30、60、100、250 等	蒸发液体，熔融石蜡，用于标签刷蜡等
 坩埚	涂釉，容量（mL）：10、15、20、25、30、50 等	灼烧沉淀及高温处理试样，用于隔绝空气条件下处理试料
 研钵	除研磨面外均上釉，直径（mm）：60、100、150、200 等	研磨固体试料
 布氏漏斗	上釉，直径（mm）：51、67、85、106 等	上铺两层滤纸用抽滤法过滤

1)蒸发皿

用于蒸发浓缩溶液或灼烧固体的器皿。口大底浅，有圆底和平底带柄两种类型。最常用的为瓷制蒸发皿，也有玻璃、石英、铂等制成的。质料不同，耐腐蚀性能不同，应根据溶液和固体的性质适当选用。

能耐高温，但不能骤冷，应使用坩埚钳取放蒸发皿，加热时用三脚架和泥三角固定。液体量多时可直接在火焰上加热蒸发，但是液体的量不能超过其容积的三分之二。液体量少或黏稠时，要隔着石棉网加热。蒸发皿主要用于蒸馏等操作，是理想的化学蒸馏仪器。

2)瓷坩埚

主要成分：Al_2O_3(45% ~55%)、SiO_2。瓷坩埚按种类分为：中壁坩埚、低壁坩埚、高壁坩埚、素埚、挥发埚、严密埚、罗加埚、双层埚、古氏埚、细孔埚、红外碳硫坩埚、自由膨胀系数坩埚等。

坩埚用于高温处理试样及灼烧沉淀。应根据处理样品试剂的化学性质、使用温度计操作条件选择坩埚的材质和规格。瓷坩埚最高可耐受1200℃左右高温，是重量分析最常用的坩埚，但是瓷坩埚能被苛性碱及碳酸钠腐蚀，所以一般不能用于以 NaOH、Na_2O_2、Na_2CO_3 等碱性物质作熔剂熔融，瓷坩埚亦不能和 HF 接触。

瓷坩埚使用的注意事项：

(1)由于温度骤升或骤降会使坩埚破裂，灼烧时，应将坩埚放入冷的炉膛中逐渐升高温度，如高温炉升至较高温度，可将坩埚在炉膛口预热一下，再放进炉膛中。

(2)适用于 $K_2S_2O_7$ 等酸性物质熔融样品。

(3)灼烧空坩埚的温度必须与灼烧沉淀的温度相同，在干燥器中冷却时间也相同，以便达到恒重。

(4)瓷坩埚一般可用稀 HCl 煮沸、洗涤。

3)瓷研钵

研钵是实验中研碎实验材料的容器，配有钵杵，常用的为瓷制品，也有玻璃、玛瑙、氧化铝、铁的制品。其规格用口径的大小表示。研钵的用途是研碎固体或使物质混合均匀，使用时都应压碎而不能捣碎，避免撞击，不宜烘烤。

4)布氏漏斗

布氏漏斗是实验室中使用的一种陶瓷仪器，也有用塑料制作的，用来使用真空或负压力抽吸进行过滤。

布氏漏斗形状为扁圆筒状，圆筒底面上开了很多小孔。下连一个狭长的筒状出口。使用的时候，一般先在圆筒底面垫上滤纸，将漏斗插进布氏烧瓶上方开口并将接口密封(例如用橡胶环)。布氏烧杯的侧口连抽气系统。然后将欲分离的固体、液体混合物倒进上方，液体成分在负压力作用下被抽进烧杯，固体留在上方。

常用于有机化学实验中提取结晶。这种情况的过滤完成后，还可以在上方用少量纯溶剂来洗掉结晶表面的杂质。

2.1.3 玛瑙器皿

玛瑙是天然石英的一种，属贵重矿物，主要成分是 SiO_2，另外，还含有少量铝、铁、钙、镁、锰的氧化物，玛瑙的特点是硬度大，性质稳定，与大多数试剂不发生作用，一般很少带入杂质，用玛瑙制作的研钵是研磨各种高纯物质的极好器皿。在一些精度要求高的分析中，常用它研磨样品。

玛瑙研钵不能受热，不能在烘箱中烘烤，不能用力敲击，也不能与 HF 接触。

玛瑙研钵价格昂贵，使用时要特别小心。玛瑙研钵用毕应用水洗净。必要时可用稀盐酸洗涤或放入少许氯化钠研磨，然后用水冲净后自然干燥。

玛瑙研钵的清洗方法如下：用少许食盐研磨或用少量稀盐酸洗后用水洗净，自然干燥或低温(60℃)慢慢烘干。

2.1.4 常用金属器皿与其他用品

表 2－4 列出了常用的金属器皿。

表 2－4 常用金属器皿

名称及简图	规格	一般用途
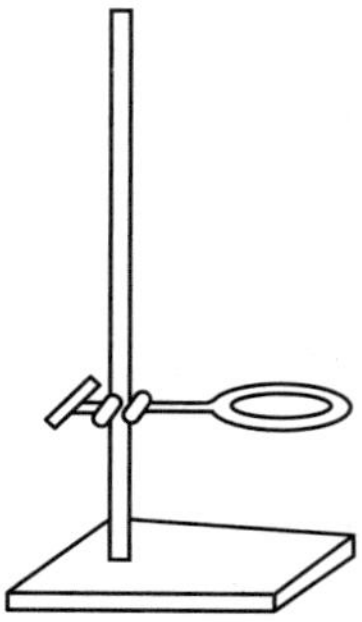 铁架台	底座尺寸(杆长及杆径)(mm)：170×100(450、10)、205×130(500、10)、230×150(600、13)； 铁圈直径(mm)：60、80、100、125、150； 铁夹全长 240mm，夹程 20～60mm，棒长 140mm，棒径 140mm	铁架台用于稳定支持其他仪器，还可代替漏斗架做过滤用，代替滴定管架做滴定用；铁圈可放置玻璃器皿； 铁夹多用作夹持烧瓶，可用于夹持大试管、锥形瓶、冷凝管和其他仪器；直角夹用于夹持铁夹，两端的螺旋分别用以夹持铁夹和固定在铁架台的杆上
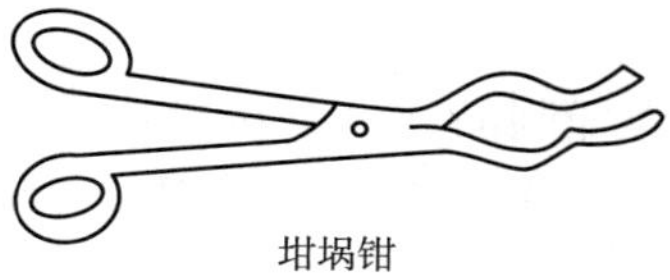 坩埚钳	铁制、表面常镀铬	坩埚钳主要用于夹持坩埚，也可钳取蒸发皿等。使用坩埚钳要注意不要沾上腐蚀性液体，且应尖部向上放于桌上
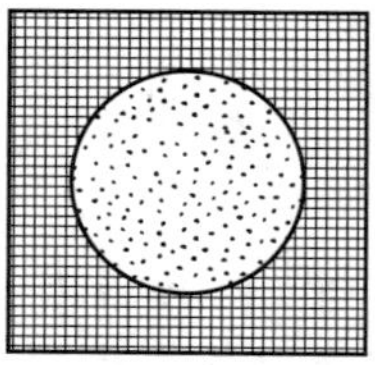 石棉网	金属制	加热容器时可用石棉网垫在容器与热源之间，使受热均匀，不致局部高温。使用时不能与水接触，以防石棉脱落或铁丝锈蚀
 滴定台及滴定夹	滴定台常为铝制，底板 320mm×180mm，支杆长 500～600mm，杆径约 10mm	滴定台用于夹持滴定管进行滴定操作；滴定管夹的夹持部分应套一段胶管

续表

名称及简图	规格	一般用途
 万能夹	金属制，头部可自由旋转各种角度	固定烧杯、冷凝管等玻璃器皿
 双顶丝	金属制	固定万能夹于铁架台上
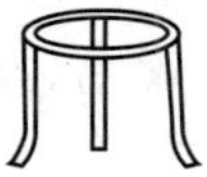 铁三脚架	铁制	与泥三角、石棉网配套使用，放置被加热器皿
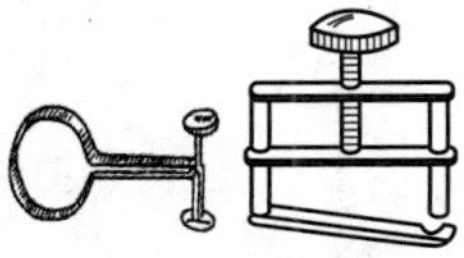 弹簧夹、螺旋夹	弹簧夹最大通过口径为 100mm，螺旋夹最大通过口径为 18mm	弹簧夹用于夹闭橡皮导管内的水流或气流；螺旋式可调松紧程度，以控制管内流量
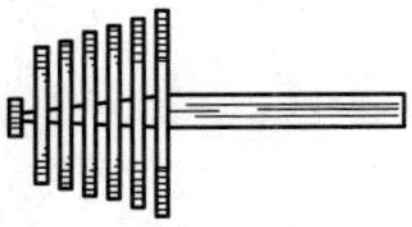 打孔器	打孔器具有一组(常为三管或六管)不同口径的钢管，六管的孔径为 5 ~ 16mm	打孔器用于橡皮塞或软木塞上手工打孔。使用时选择适当孔径钢管，转动钻入塞子，用细铁杆清除管内钻孔后残留的碎屑
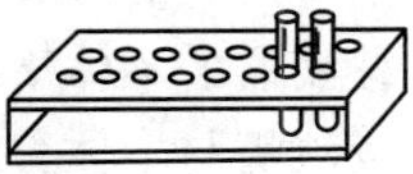 试管架	有木质和铝制	用于存放各类试管
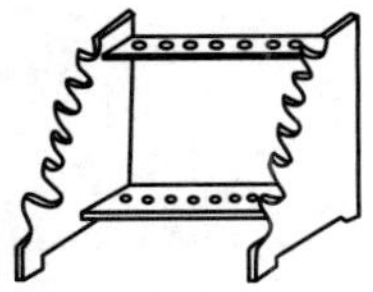 移液管架	移液管架用木质。竖式通常高 480mm，圆板直径为 150mm，圆孔直径为 7 ~ 17mm	主要用于存放移液管
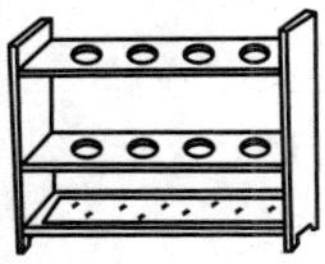 比色管架	比色管架用木质，底部有白瓷板	比色管架放置比色管，作目视比色
 洗耳球	用橡胶制成	洗耳球常用于吸取移液管的上端溶液

2.1.5 塑料器皿

塑料是高分子材料的一类。实验室常见的塑料器皿是聚乙烯材料。聚乙烯是热塑性塑料，短时间内可使用到100℃。耐一般酸、碱腐蚀，但能被氧化性酸（浓HNO_3、H_2SO_4）慢慢侵蚀；室温下不溶于一般有机溶剂，但与脂肪烃、芳香烃、卤代烃等长时间接触溶胀。低相对密度（$\rho=0.92g/cm^3$）聚乙烯熔点为108℃，其加热温度不能超过70℃；高相对密度（$\rho=0.95g/cm^3$）聚乙烯熔点为135℃，加热不能超过100℃。

塑料具有绝缘、耐化学腐蚀、不易传热、强度较好、耐撞击等特点，在实验室中可作为金属、木材、玻璃等的代用品，如取样袋，代替橡胶球胆取气体试样；聚乙烯桶可用于装蒸馏水，小桶用于取水样；聚乙烯烧杯漏斗用于含氢氟酸的实验中。聚乙烯细口瓶代替玻璃瓶，装碱标准溶液、强碱、碱金属盐的溶液及氢氟酸而不被腐蚀。聚乙烯细口瓶还可制成洗瓶，使用方便。

2.2 移液器

移液器作为液体取样或加液的器具，在分析中得到广泛使用（加液器、加液枪、吸液器统称移液器）。

2.2.1 移液器原理

移液器的原理为活塞式吸管，利用空气排放原理，以活塞在活塞套内移动的距离确定移取液体的容量。移液器结构如图2-1所示。移液器为量出式容器，分定量移液器和可调式移液器。其形状分为单头型和多头型。移液器的吸液嘴安装在移液器的本体下端，用于吸入、排出液体，由聚丙烯材料制成，移液完毕可按动弹射器将吸液嘴与本体分开，不同型号的移液器应有相应配套的吸液嘴，移液器的容量规格有1~10000μL。

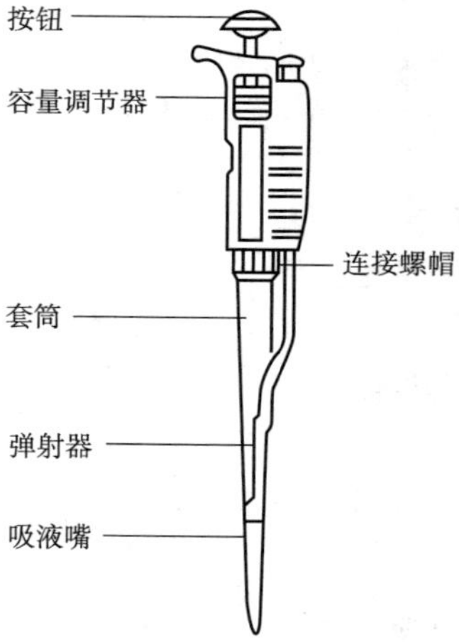

图2-1 移液器的结构

2.2.2 移液器使用方法

将移液器的容量调至吸液的体积点，垂直地握住移液器，将吸液嘴插入有液体的容器内，吸液嘴保持在液面下1～3mm处，缓慢放松按钮，等待1～2s后离开液面，擦去吸液嘴外的液体，将吸液嘴的流液口靠在容器内壁并与其呈45°，缓慢地把按钮按到停止点等待1～2s，再将按钮完全按下，然后将吸液嘴沿容器内壁向上移开。

2.3 滤纸与pH试纸

2.3.1 滤纸

滤纸是一种具有良好过滤性能的纸，其纸质疏松，对液体吸收强烈。分析实验室常将滤纸作为过滤介质，使溶液与固体分离。目前，我国生产的滤纸主要有定量分析滤纸、定性分析滤纸和层析定性分析滤纸。

1)定量分析滤纸

定量分析滤纸在制造过程中，纸浆经过盐酸和氢氟酸处理，并经过蒸馏水洗涤，将纸纤维中大部分杂质除去，所以灼烧后残留灰分很少，对分析结果几乎不产生影响，适于作精密定量分析。目前国内生产的定量分析滤纸，分快速、中速、慢速三类，在滤纸盒上分别用白带(快速)、蓝带(中速)、红带(慢速)为标志分类。滤纸的外形有圆形和方形两种，圆形定量滤纸的规格按直径分有9cm、11cm、12.5cm、15cm和18cm数种。方形定量滤纸的规格有60cm×60cm和30cm×30cm。

2)定性分析滤纸

定性分析滤纸一般残留灰分较多，仅用于一般的定性分析和过滤沉淀或溶液中悬浮物，不能用于质量分析。定性分析滤纸的类型和规格与定量分析滤纸基本相同，表示快速、中速和慢速，并印有快速、中速、慢速字样。不过在装滤纸的盒上使用定量和定性分析滤纸过滤沉淀时应注意：

(1)一般采用自然过滤，利用滤纸体和截留固体微粒的能力，使液体和固体分离。

(2)滤纸的机械强度和韧性都较低，尽量少用抽滤的办法过滤，如必须加快过滤速度，为防止穿滤而导致过滤失败，在气泵过滤时，可根据抽力大小在漏斗中叠放2～3层滤纸，在用真空抽滤时，在漏斗中先垫一层致密滤布，上面再放滤纸过滤。

(3)滤纸最好不要过滤热的浓硫酸或硝酸溶液。

3)层析定性分析滤纸

层析定性分析滤纸是一种专门用于纸色谱分析法中的滤纸，主要用于待测物质的定性分离。这种滤纸的特点是纸质疏松，对液体有很好的吸收性能，适合用作色谱分析的担体。在纸色谱中，样品在滤纸上展开，不同组分因与固定相(即滤纸)和流动相(通常是某种溶剂)的相互作用力不同，从而在滤纸上移动的距离各异，形成分离的斑点或色带，据此可以对样品进行定性分析，即确定样品中包含哪些化合物，但不能提供这些化合物的具体含量，也就是不做定量分析。

2.3.2 pH 试纸

pH 试纸分为广泛 pH 试纸和精密 pH 试纸，其分类见表 2-5。

表 2-5 pH 试纸

广泛 pH 试纸			
pH 变色范围	显色反应时间间隔/s	pH 变色范围	显色反应时间间隔/s
1~10	1	1~14	1
1~12	1	9~14	1
精密 pH 试纸			
pH 变色范围	显色反应时间间隔/s	pH 变色范围	显色反应时间间隔/s
0.5~5.0	0.5	5.3~7.0	0.2
1~4	0.5	5.4~7.0	0.2
1~10	0.5	5.5~9.0	0.2
4~10	0.5	6.4~8.0	0.2
5.5~9.0	0.5	6.9~8.4	0.2
9~14	0.5	7.2~8.8	0.2
0.1~1.2	0.2	7.6~8.5	0.2
0.8~2.4	0.2	8.2~9.7	0.2
1.4~3.0	0.2	8.2~10.0	0.2
1.7~3.3	0.2	8.9~10.0	0.2
2.7~4.7	0.2	9.5~13.0	0.2
3.8~5.4	0.2	10.0~12.0	0.2
5.0~6.6	0.2	12.4~14.0	0.2

2.4 实验室常用加热设备

2.4.1 酒精灯

酒精灯的火焰分为三个区域，如图 2-2 所示。a 区为未燃烧的酒精蒸气或可燃气与空气的混合区，温度低，称为焰心；b 区为不完全燃烧的酒精蒸汽或可燃气，温度不高，火焰有还原性，称为还原焰；c 区为酒精蒸汽或可燃气，完全燃烧，温度最高，空气过量，火焰有氧化性，称为氧化焰。

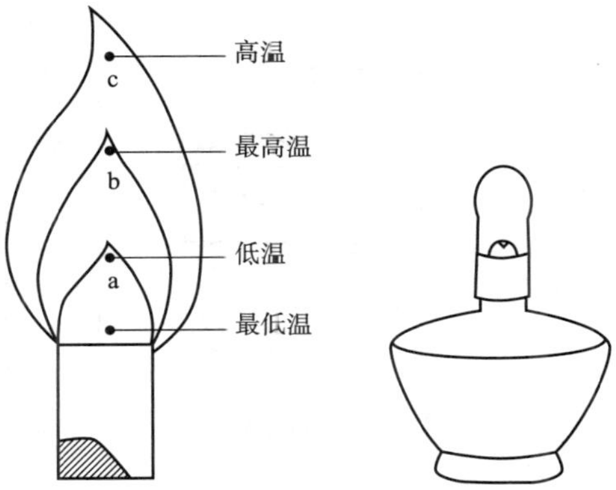

图2－2　灯的火焰结构、酒精灯示意

2.4.2　万用电炉

万用电炉示意如图2－3所示。

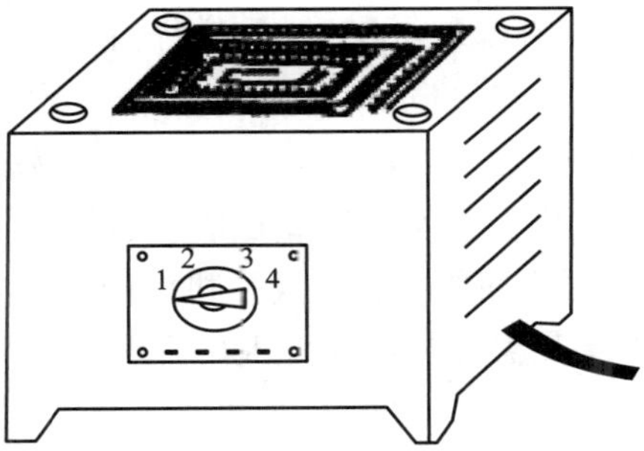

图2－3　万用电炉示意

电炉是由一根电炉丝(常用镍铬合金丝)嵌在耐火泥炉盘的凹槽中，炉盘固定在一根铁盘座上，电炉丝两头套上多节小瓷管后连接到瓷接线柱上与电源线相连。按功率大小分为不同规格，功率大小主要是根据电炉丝的阻值不同而定，同样成分同样长短的炉丝，粗的发热量大，细的发热量小。使用电炉时应注意：

(1)电源电压应与电炉本身所规定的电压相符。

(2)加热的容器若是金属制品，应垫上石棉网，防止金属容器接触电炉丝而发生断路和触电事故。

(3)耐火砖炉盘凹槽中要经常保持清洁，及时清除灼烧焦糊物(清除时必须断电)保证炉丝导电良好。

(4)电炉连续使用时间不应过长，否则会缩短炉丝使用寿命。

2.4.3　马弗炉

马弗炉常称为高温电炉，其示意如图2－4所示。热源来自炉内电阻丝的马弗炉，炉膛以传热好、耐高温而膨胀系数小的碳化硅材料制成。温度通常限制在600～1300℃范围使用。炉膛外围包以厚层绝缘砖及石棉纤维，炉门也衬以绝热砖，以减少热量的损失。

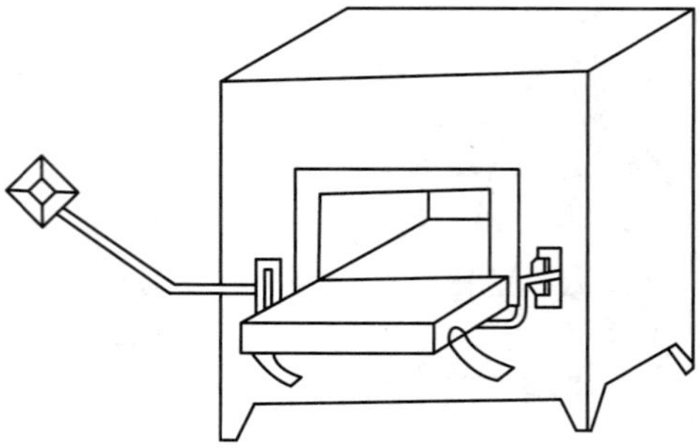

图2－4　马弗炉示意

使用马弗炉时应注意：

(1)马弗炉应安放在牢固的水泥台上，控制器尽量远离热源，炉周围不要存放易燃、易爆物品，炉膛内不宜放入含有酸、碱性的化学药品或强烈的氧化剂，更不许在炉内灼烧有爆炸危险的物质。

(2)新炉的耐火材料里含有水分，另外为使加热元件生成氧化层，在开始使用前，必须先在低温下烘烤数小时并逐渐升温至900℃，且保持5h以上，以防炉膛受潮后因温度的急剧变化而破裂。

(3)在马弗炉加热时，炉外套也会变热，应使炉子远离易燃物，并保持炉外易散热。

(4)加热元件的工作寿命取决于其表面的氧化层，破坏氧化层会缩短加热元件的工作寿命，而每次停机都会对氧化层有所损害，因此开机后应避免关机。

(5)使用时炉温不得超过最高温度，以免烧毁电热元件，并禁止向炉膛内灌注各种液体及熔解的金属。

(6)在做灰化实验时，一定要先将样品在电炉上充分碳化，再放入灰化炉中，以防碳的积累损坏加热元件。

(7)几次循环加热后，炉子的绝缘材料可能出现裂纹，这些裂纹是热膨胀引起的，对炉子的质量没有影响。

(8)马弗炉为实验用品，不得移作他用，样品一定要用洁净的坩埚盛放，不得污染炉膛。

(9)使用马弗炉时，要经常照看，防止自控失灵造成事故，晚间无人值班时，切勿使用。

(10)马弗炉使用完毕，应切断电源，使其自然降温。不应立即打开炉门，以免炉膛突然受冷碎裂，如急用，可先开一条小缝，让其降温加快，待温度降至200℃以下时，方可开炉门。

(11)使用马弗炉时，需注意安全，谨防烫伤。

(12)根据技术要求经常检查控制器各接线头的接线是否良好，指示仪指针在运动时有无卡滞现象。

(13)至少一个月检测一次按钮，清洁一次炉膛，清洁炉膛需在不通电情况下进行。

2.4.4　电热恒温干燥箱

电热恒温干燥箱是利用电热丝隔层加热使物体干燥的设备，它适用于比室温高5～300℃范围的恒温烘焙、干燥及热处理，恒温灵敏度通常为±1℃。其示意如图2－5所示。

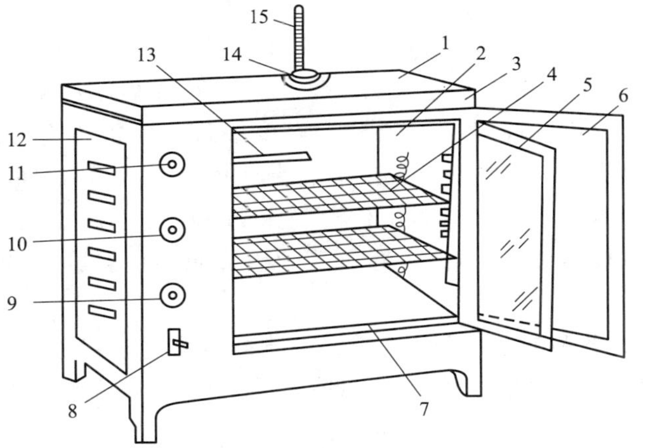

图 2-5　电热恒温干燥箱结构示意

1—箱外壳；2—工作室；3—保温层；4—隔板；5—玻璃门；6—箱门；7—散热板；8—鼓风开关；9—电源开关；10—指示灯；11—温控器旋钮；12—箱侧门；13—感温钢管；14—排气孔；15—温度计

电热恒温干燥箱的使用与维护：

(1) 干燥箱应置于室内干燥、平稳的地方，防止震动和腐蚀。注意安全用电，根据干燥箱耗电功率安装足够容量的控制开关。

(2) 插上温度计后将排气孔旋开，先进行空箱实验，开启电源开关，将温度调节旋钮旋至“0”位置时，绿色指示灯亮，表示已通电；再将旋钮按顺时针方向从“0”旋至某一位置，在绿色指示灯熄灭的同时红色指示灯亮，表示电热丝已通电加热，箱内升温；然后把旋钮旋回至红灯熄灭而绿灯再亮，说明电器工作正常，即可投入使用。

(3) 烘箱加热温度不应超过烘箱的极限温度。

(4) 放入物品时应注意，隔板上的物品总质量不能超过 15kg，物品排列不能过密，散热板上禁止放物品，以免影响热气向上流动。

(5) 严禁干燥易燃、易爆、易挥发及腐蚀性物品，严禁在干燥箱内烘烤食物。

(6) 待干燥的器皿外壁不要黏附过多的水，防止水滴在干燥箱的底板上。

(7) 当需要观察箱内样品的情况时，可开启箱侧门，透过玻璃门观察，但箱门尽量少开，以免影响恒温，更不要在高温时开启箱门，以免玻璃门骤冷而破裂。

2.4.5　电热恒温水浴锅

水浴锅是用水蒸气对物质进行加热的装置。水浴的加热温度为 97℃以下，当要求加热均匀，而温度又不能超过 100℃时，可利用水浴锅进行水浴加热。其示意如图 2-6 所示。

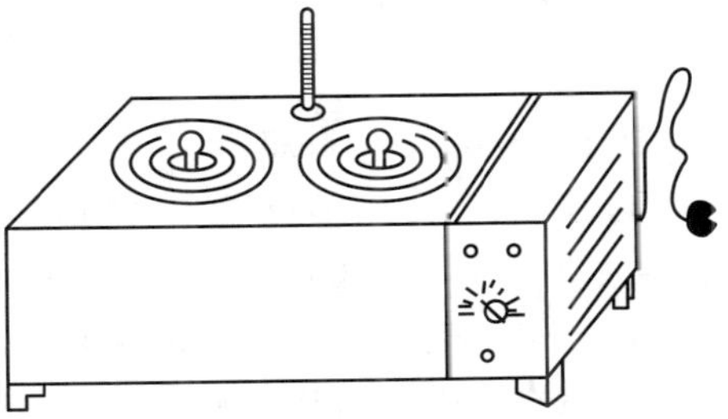

图 2-6　电热恒温水浴锅示意

电热恒温水浴锅的使用方法：

(1) 把电源开关拨至“1”处，控温仪面板及数字显示电源接通。

(2) 温度设定：当所需加热温度与设定温度相同时不需设定，反之则需重新设定。先按控温仪功能键“SET”进入温度设定状态，使 PV 屏上显示“SP”，SV 屏显示出厂时设定的工作温度（SV =37℃）。

（3）按住“↓”或“↑”键，将 SV 屏显示的数值修改为所需要的工作温度值后放开。再按一下“SET”键，回到工作模式，进入工作状态。设定温度为 37℃，加热指示灯亮，开始进入加热升温状态，过一段时间，当显示温度接近设定温度时，加热指示灯忽亮忽熄，反复多次，一般情况下，加热 90min 后，温度控制进入恒温状态。所需工作温度较低时，可采用二次设定方式，如所需工作温度未到 37℃，第一次先设定 35℃，待温度过冲开始回落后，再设定 37℃，这样可降低升值从而避免温度过冲现象，尽快进入恒温状态。

（4）设定结束后，各项数据长期保存。此时水槽进入升温状态，加热指示灯亮。当箱内温度接近设定温度时，加热指示灯忽亮忽熄，反复多次，控制进入恒温状态。

（5）把电源开关键关掉。将放水管向外拉出约 30cm，再拔出塞子放掉工作室内积水，擦干。

电热恒温水浴锅的维护保养及注意事项：

（1）水浴锅外壳必须有效接地，以保证使用安全。

（2）在加水之前，切勿按下控温开关，以免烧毁电热管。

（3）仪器不宜在高电压、大电流、强磁场、带腐蚀性气体环境下使用，以免仪器干扰损坏及发生触电危险。

（4）当水浴锅发出声光报警时，应先检查设定温度是否偏离正常范围，如未偏离，应停止使用，请专业维修人员检查或返厂修理。

（5）非必要时，请勿拆开控温仪盖板和水槽后盖板，以确保安全。

2.4.6　电热板

电热板是一种均匀加热设备，对于有机物和易燃物的加热尤为适用。其示意如图 2－7 所示。

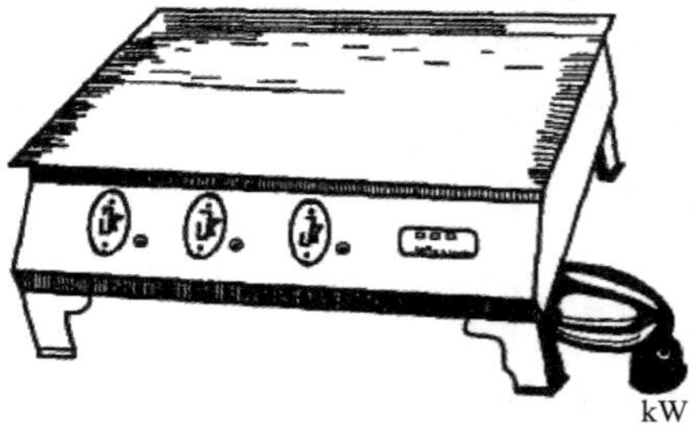

图 2－7　电热板示意

电热板的使用方法：首先打开电源，在约 1min 后仪表上排红色数码显示为环境温度，下排显示为 300，按“SET”键，上排显示为 SP，按“上”或“下”键，使下排显示为所需设定的温度，再按一下“SET”键，上排显示为 ST，继续按“SET”键，回到上排显示的实际温度，此时，待数秒后，智能表开始记忆工作。

电热板的使用及维护：

（1）电源插座要有妥善接地，以便安全。

（2）使用前把工作面擦拭干净，其上部不允许有水滴、污物、积垢和其他异物残留。

（3）装样试管或其他器皿应在加热前放置工作面，以防爆裂。

（4）接通电源，合上电源开关，指示灯亮，电热板处于工作状态。

（5）电热板处于工作状态时应由专人照管。不要用手触摸工作台表面以防烫伤。

（6）工作完毕，切断电源。

2.5 玻璃仪器的洗涤

玻璃仪器是否洗净，对实验结果的准确性和精密度有直接影响。因此，洗涤玻璃仪器，是实验室工作中的一个重要环节。仪器洗涤，要求掌握洗涤的一般步骤，洗净标准，洗涤剂种类、配制及选用。

2.5.1 常用洗涤剂种类及选用

1)洗涤剂种类及选用

实验室常用去污粉、洗衣粉、洗涤剂、洗液、稀盐酸－乙醇、有机溶剂等洗涤玻璃仪器。对于水溶性污物，一般可以直接用自来水冲洗干净后，再用蒸馏水洗3次即可。对于用水洗不掉的污物，要根据其性质，选用不同的洗涤剂。

(1)对于直接用毛刷刷洗的仪器应选用肥皂、皂液、去污物、洗衣粉等。洗涤剂可以直接用来刷洗如烧杯、锥形瓶、试剂瓶等形状简单的仪器。毛刷可以刷到的仪器，大部分是分析测定中的非计量仪器。

(2)洗液(酸性或碱性)多用于不便用毛刷或不能用毛刷洗刷的仪器，如滴定管、移液管、容量瓶、比色管、比色皿等和计量有关的仪器。如油污可用无铬洗液、铬酸洗液、碱性高锰酸钾洗液及丙酮、乙醇等有机溶剂清洗。碱性物质及大多数无机盐类可用稀盐酸(1+1)洗液。$KMnO_4$ 沾污留下的 MnO_2 污物可用草酸洗液洗净，而 $AgNO_3$ 留下的黑褐色 Ag_2O，可用碘化钾洗液洗净。

(3)针对污物的类型不同，可选用不同的有机溶剂洗涤，如甲苯、二甲苯、氯仿、乙酸乙酯、汽油等。如果要除去洗净仪器上带的水分可以用乙醇、丙酮，最后再用乙醚。

2)常用洗液的使用方法及注意事项

要注意在使用不同性质的洗涤液时，一定要把上一种洗涤液除净后再用另一种，以免相互作用，生成的产物更难洗净。对于已知的污物使用合适的洗涤液往往事半功倍，因此最好在做完实验后及时清洗仪器，以免溶剂挥发后污物干涸或在空气中发生变化生成难以清洗的物质。表2－6列出了几种常用的洗涤液。

表2－6 几种常用的洗涤液

洗涤液及其配方	使用方法
工业盐酸(1+1)	用于洗去碱性物质及大多数无机物残渣
碱性洗液：氢氧化钠10%水溶液或乙醇溶液	水溶液加热(可煮沸)使用，其去油效果较好；要注意，煮的时间太长会腐蚀玻璃，碱－乙醇洗液不要加热
碱性高锰酸钾溶液：4g高锰酸钾溶于水中，加入10g氢氧化钠，用水稀释至100mL	清洗油污或其他有机物质，洗后容器沾污处有褐色二氧化锰析出，再用浓盐酸或草酸洗液、硫酸亚铁、亚硫酸钠等还原剂去除
草酸洗液：5~10g草酸溶于100mL水中，加入少量浓盐酸	洗涤高锰酸钾洗液后产生的二氧化锰，必要时加热使用

3）洗液的配制

（1）碱性高锰酸钾洗液。4g $KMnO_4$ 溶于 80mL 水，加入 40% NaOH 溶液至 100mL。高锰酸钾洗液有很强的氧化性，此洗液可清洗油污及有机物。析出的 MnO，可用草酸、浓盐酸、盐酸羟胺等还原剂除去。

（2）碱性乙醇洗液。2.5g KOH 溶于少量水中，再用乙醇稀释至 100mL 或 120g NaOH 溶液于 150mL 水中用 95% 乙醇稀释至 1L。主要用于去油污及某些有机物沾污。

（3）盐酸－乙醇洗液。盐酸和乙醇按 1＋1 体积比混合，是还原性强酸洗液，适用于洗去多种金属离子的沾污，比色皿常用此洗液洗涤。

（4）乙醇－硝酸洗液。对难以洗净的少量残留有机物，可先于容器中加入 2mL 乙醇，再加 10mL 浓 HNO_3，在通风柜中静置片刻，待激烈反应放出大量 NO 后，用水冲洗。注意用时混合，安全操作。

（5）纯酸洗液。用盐酸（1＋1）、硫酸（1＋1）、硝酸（1＋1）或等体积浓硝酸＋浓硫酸均可配制，用于清洗碱性物质沾污或无机物沾污。

（6）草酸洗液。5～10g 草酸溶于 100mL 水中，再加入少量浓盐酸。草酸洗液对除去 MnO_2 沾污有效。

（7）碘－碘化钾洗液。1g 碘和 2g 碘化钾溶于水中，加水稀释至 100mL。用于洗涤 $AgNO_3$ 沾污的器皿和白瓷水槽。

（8）有机溶剂。有机溶剂如丙酮、苯、乙醚、二氯乙烷等，可洗去油污及可溶于溶剂的有机物。较大的器皿沾有大量有机物时，可先用废纸擦净，尽量采用碱性洗液或合成洗涤剂洗涤。有机溶剂价格较高，毒性较大且可燃，因此只有无法使用毛刷洗刷的小型或特殊的器皿才用有机溶剂洗涤，如活塞内孔和滴定管夹头等。

2.5.2 玻璃仪器的洗净

1）玻璃仪器的洗净标准

洗干净的玻璃仪器，当倒置时，应该以仪器内壁均匀地被水润湿而不挂水珠为准。在定量分析实验中，要求精密度小于 1% 时，用蒸馏水冲洗后，残留水分用 pH 试纸检查，应为中性。

2）常规玻璃仪器洗涤方法

首先用自来水冲洗 1～2 遍除去可溶性物质的污垢，根据沾污的程度、性质分别采用洗衣粉、去污粉、洗涤剂、洗液洗涤或浸泡，用自来水冲洗 3～5 次冲去洗液，再用蒸馏水淋洗 3 次，洗去自来水。称量瓶、容量瓶、碘量瓶、干燥器等具有磨口塞盖的器皿，在洗涤时应注意各自的配套，切勿“张冠李戴”，以免破坏磨口处的严密性。

蒸馏水冲洗时应按少量多次的原则，即每次用少量水，分多次冲洗，每次冲洗应充分振荡后，倾倒干净，再进行下一次冲洗。

3）成套组合专用玻璃仪器洗涤方法

成套组合专用玻璃仪器如微量凯氏定氮仪，除洗净每个部件外，用前应将整个装置用热蒸汽处理 5min，以除去仪器中的空气。索氏脂肪提取器用乙烷、乙醚分别回流提取 3～4h。

4)特殊玻璃仪器的洗涤方法

(1)比色皿。通常用盐酸－乙醇洗涤除去有机显色剂的沾污，洗涤效果好。必要时可用硝酸浸洗，但要避免用铬酸等氧化性洗液浸泡。

(2)砂芯玻璃过滤器。此类过滤器使用前需用热的盐酸(1＋1)浸煮除去砂芯孔隙间颗粒物，再用自来水、蒸馏水抽洗干净，保存在有盖的容器中。用后，再根据抽滤沉淀性质的不同，选用不同洗液浸泡干净。例如，AgCl用氨水(1＋1)，$BaSO_4$ 用EDTA－氨水，有机物用铬酸洗液浸泡，细菌用浓 H_2SO_4 与 $NaNO_3$ 洗液浸泡等。

(3)痕量分析用玻璃仪器。痕量元素分析对洗涤要求极高。一般的玻璃仪器不仅要用HCl(1＋1)或 HNO_3(1＋1)浸泡24h，而新的玻璃仪器或塑料瓶、桶需浸泡一周，还要在稀NaOH中浸泡一周，再依次用自来水、蒸馏水洗净。

(4)痕量有机物分析用玻璃仪器。痕量有机物分析用玻璃仪器，通常用铬酸洗液浸泡，再用依次自来水、蒸馏水冲洗干净，最后用重蒸的丙酮、氯仿洗涤数次即可。

5)洗涤仪器的一般步骤

(1)用水刷洗：准备好洗涤用各种形状仪器的毛刷，如试管刷、烧杯刷、瓶刷、滴定管刷等。用毛刷蘸水刷洗仪器，用水冲去可溶性物质及表面黏附的灰尘。

(2)用合成洗涤剂水刷洗：市售的餐具洗涤灵是以非离子表面活性剂为主要成分的中性洗液，可配成10～20g的水溶液(也可用50g的洗去污粉水溶液)，刷洗仪器，它们都有较强的去油能力，必要时可温热或短时间浸泡。去污粉因含有细砂等固体摩擦物，有损玻璃，一般不使用。

(3)洗净的玻璃仪器倒置时，水流出后器壁应不挂水珠。再用少量纯水刷洗仪器三次，洗去自来水带来的杂质，即可使用。

2.5.3 玻璃仪器的干燥

不同实验，对仪器是否干燥则有不同的要求。一般定量分析中用的锥形瓶、烧杯等，洗净后即可使用；而用于有机分析的仪器一般都要求干燥。所以应根据实验要求采用不同的方法来干燥仪器。常用的干燥方法见表2－7。

表2－7 玻璃仪器的干燥方法

干燥方式	操作要领	注意事项
晾干	对于不急需使用的，干燥要求一般的仪器，洗净后倒置，控去水分，自然晾干	
烘干	对于要求无水的仪器应在烘箱中于100～200℃温度下烘干1h左右	1. 干燥厚壁仪器的实心玻璃塞时，要缓慢升温，以免炸裂； 2. 烘干后的仪器一般应在干燥器中保存； 3. 量器类仪器不可在烘箱中烘干
吹干	对于急需使用或不适合烘干的仪器如量器，要求干燥的，控净水后依次用乙醇、乙醚荡洗几次，然后用吹风机按热风、冷风顺序吹干	1. 溶剂要回收； 2. 要求在通风橱中进行，防止中毒

续表

干燥方式	操作要领	注意事项
烤干	对于急需用的试管，管口向下倾斜，用火焰从管底部依次向管口烘烤	只适用于试管

2.5.4 玻璃仪器的保管

新购置的玻璃仪器，第一次放置时，应分类放置，即按照种类、大小、用途等分开放置。圆底烧瓶、平底烧瓶、冷凝管、接头、试管、移液管等都必须分开放置，放置的地点也需规范。

玻璃仪器比较容易破碎，在玻璃仪器中间最好有一些可以缓冲的材料(比如海绵、泡沫、橡皮等)，这样玻璃仪器损坏的可能性会降低很多。

在使用过后，切记必须尽快清洗干净，然后分类放置。如果不及时清洗，可能有几个后果：一是仪器清洗不彻底，导致仪器故障；二是污染物进入其他实验中；三是其他污染物污染其他玻璃仪器。总之，玻璃仪器使用后及时清洗归位，需长期保存的磨口仪器要在塞间垫一张纸片，以免日久粘住。

2.6 实验室用水

天然水和自来水(生活饮用水)中常含有氯化物、碳酸盐、硫酸盐、泥沙等少量无机物和有机物，影响分析结果的准确度。作为分析用水，必须先经一定的方法净化达到国家标准。如国家标准《分析实验室用水规格和试验方法》(GB/T 6682—2008)便规定了实验室用水的技术指标、制备方法及检验方法。

2.6.1 分析用水的级别和用途

国家标准规定的实验室用水分为三级。

(1)一级水：基本上不含有溶解或胶态离子杂质及有机物。用于有严格要求的分析实验，包括对颗粒有要求的实验，如高效液相色谱分析用水。

(2)二级水：可含有微量的无机、有机或胶态杂质。用于无机痕量分析等实验，如原子吸收光谱分析用水。

(3)三级水：最普遍使用的纯水，适用于一般实验室的实验工作。

2.6.2 分析用水的级别

《分析实验室用水规格和试验方法》(GB/T 6682—2008)中只规定了一般技术指标，实验室用水的级别及主要指标见表2-8。由于在一级水、二级水的纯度下，难以测定其真实的pH，因此，对于一级水、二级水的pH范围不作规定。另外，在一级水的纯度下，难以测定可氧化物质和蒸发残渣，故对其限量也不作规定，可用其他条件和制备方法来保证一级水的质量。

表2-8　实验室用水的级别及主要指标

名称		一级	二级	三级
pH范围(25℃)		—	—	5.0~7.5
电导率(25℃)/(μS/cm)	≤	0.01	0.1	0.5
吸光度(254nm、1cm光程)	≤	0.001	0.01	—
可氧化物质[以(O)计]/(mg/L)	≤	—	0.08	0.4
蒸发残渣(105℃±2℃)/(mg/L)	≤	—	1.0	2.0
可溶性硅(以SiO_2计)/(mg/L)	≤	0.01	0.02	—

在实际工作中，有些实验对水有特殊要求，还要检查有关项目，例如Cl^-、Fe^{3+}、Cu^{2+}、Zn^{2+}、pb^{2+}、Ca^{2+}、Mg^{2+}等。

2.6.3　分析用水的制备

一级水的制备：可用二级水经过石英设备蒸馏或离子交换混合床处理后，再经0.2μm微孔滤膜过滤来制取。一级水主要用于有严格要求的分析实验，包括对微粒有要求的实验，如高效液相色谱分析用水。纯水机通常采用RO水或者二级水为进水，离子交换混床纯化柱过滤，再通过紫外灯消毒杀菌后经0.2μm终端滤膜过滤制取。

二级水的制备：二级水主要用于无机痕量分析实验，如原子吸收光谱分析、电化学分析实验等。二级水可用多次蒸馏和离子交换方法制取。现市面上纯水机存在两种制取方式，即DI和EDI水制取方式。DI水可用反渗透水或蒸馏水经过离子交换树脂进行离子交换去除水中阳离子和阴离子而制取。

三级水的制备：可用蒸馏、去离子(离子交换及电渗析法)或反渗透等方法制取。三级水用于一般化学实验。三级水是最普遍使用的纯水，一是直接用于某些实验，二是用于制备二级水乃至一级水。

1)蒸馏法

蒸馏法是广泛应用的制水方法。由于以无机盐类为主的杂质成分具有不挥发的特性，因此可以通过蒸馏的方法去除大部分的杂质。在蒸馏时水中CO_2及低沸挥发物可能和水蒸气一同进入产出的蒸馏水中，部分液态水会发生雾化或迸溅将杂质带入蒸馏水，冷凝器材料成分也可能污染产出的蒸馏水，因此，仅一次蒸馏的水质一般只能达到三级水标准。

要想制得更高纯度的实验室用水可以通过重复蒸馏的方法，将一次蒸馏过的蒸馏水加入特定试剂抑制某些杂质挥发进行多次蒸馏的方法提高水质，通过这种方法制备的水质可以达到二级水标准。例如甘露醇能抑制硼的挥发，碱性高锰酸钾可分解部分有机物并限制产出水中CO_2含量。

蒸馏法的优点是操作简单，但是由于方法关系水质容易受到污染且能耗相对较高，而且无法制得高纯度实验室用水，现多用于企业工厂等对水质要求不高的实验室。

2)反渗透法

反渗透法是一种常见的净水技术。反渗透法的关键是反渗透膜的选择，不同孔径及种类的膜决定了其除杂效率。膜组件形式使用最多的是中空纤维式和螺旋卷式。膜材料包括醋酸纤维素及表面聚合技术制成的交联芳香族酰胺复合膜。

反渗透法能有效滤除水中的无机盐、有机物、悬浮物及部分微生物等杂质。由于过滤的杂质会随着时间在膜表面积累从而影响制水效率和制水质量，因此在运行一段时间后或长期停机前需要对其膜组件进行清洗；此外水中溶解的氯及部分有机物对膜表面有腐蚀作用，需用活性炭对水进行前处理。

反渗透法具有能耗低，效率高，易操作的特点；同时也具有易堵塞，净化能力有限的局限性，一般只能获得二级用水。此方法也常与其他方法相结合进行超纯水的进一步制备。

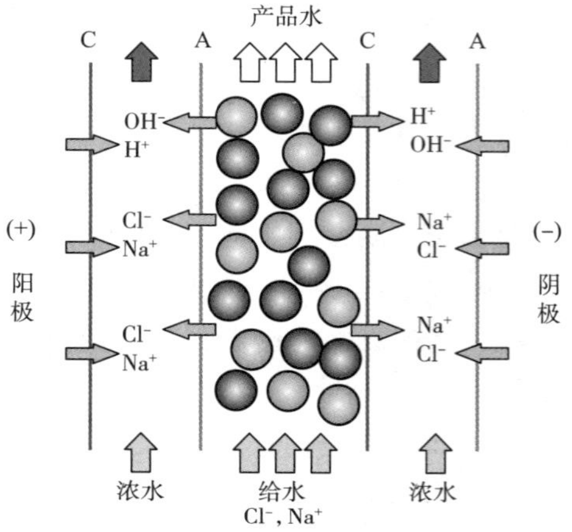

图2-8　EDI 工作原理示意

3）离子交换树脂法

离子交换树脂法是一种传统的净水方法。其工作原理示意见图2-8。离子交换树脂是一系列呈网状结构并带有活性基团的高分子化合物，它由骨架和固定基团、可交换离子和活性基团构成。根据离子交换树脂所带活性基团的性质，可分为强酸阳离子、弱酸阳离子、强碱阴离子、弱碱阴离子、螯合性、两性及氧化还原树脂，其中强酸性的树脂相对应用最为广泛。

离子交换树脂制备实验室用水的原理是先用强酸性树脂交换水中的阳离子，再通过强碱性树脂交换水中的阴离子，以水中氯化钠为例，交换式为：

阳离子交换树脂：$R-H+Na^+ = R-Na+H^+$

阴离子交换树脂：$R-OH+Cl^- = R-Cl+OH^-$

总交换式为：$RH+ROH+NaCl = RNa+RCl+H_2O$

离子交换树脂的孔径和种类决定了其制水的效率和制水质量。使用前树脂需要进行酸碱浸泡的预处理工作，随着反应的进行，离子交换树脂反应受到抑制导致效率逐渐降低，这时就需要对树脂进行再生处理，通过加入相应的再生剂将阴阳离子置换出来重复利用。

离子交换树脂法工艺成熟，相比其他方法具有产水成本低，效率稳定的特点，适合企业大批量连续制水。但因为树脂需要不断更换并进行再生处理，操作相对复杂，自动化难度高以及酸碱使用量大。

4）EDI 技术（Electrodeionization）

EDI 技术又称电子去离子技术或连续电除盐技术，它是一种 20 世纪 90 年代才逐渐成熟的净水技术，EDI 技术结合了电渗析法与离子交换树脂法的优势。该技术在超纯水的制备中得到广泛应用。

EDI 技术的工作核心是 EDI 膜堆的运作。膜堆是由数组阴、阳离子交换膜和房室隔板交替摆放组成的，隔板将其内部分成浓水室和淡水室，其中淡水室中填充有用于交换水中离子的阴、阳离子交换树脂。由于在纯水中，离子交换树脂的导电能力与所接触的液面相比要高出数倍，淡水室中的杂质离子与树脂进行交换生成水，随后在电势差的作用下发生跃迁转移至邻近的离子交换膜表面并渗透进入浓水室，当树脂、交换膜与所接触的液面离子浓度差达到一定程度时，水会发生解离反应重新生成 H^+ 和 OH^-，再次与树脂结合进行再生。交换、转移、再生三个阶段同时进行，以达到高效连续制水。

EDI 技术对输入水质要求较高，进水的电导率、工作电压、电流、浊度及污染指数（SDI）、硬度、总有机碳（TOC）、铁锰等金属离子、CO_2、总阴离子含量（TEA）等参数均有可能影响其制水效率。其中水质硬度对设备影响极大，部分地区水质硬度过高，长时间使用可能导致膜堆结垢，严重影响设备的使用寿命，需对其进水进行预处理才可使用。

2.6.4　分析用水的检验

1）pH 值的测定

普通纯水 pH 值应在 5.0～7.5（25℃），用酸度计测定纯水的 pH 值时，先用 pH 值为 4.0～9.0 的标准缓冲液校正 pH 计，再将 100mL 三级水注入烧杯，插入玻璃电极和甘汞电极，测定 pH 值。pH 计示意见图 2－9。

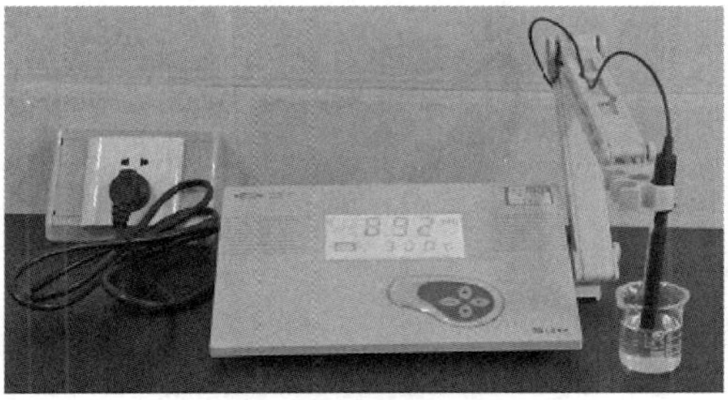

图 2－9　pH 计示意

2）电导率的测定

纯水是微弱导体，水中溶解了电解质，其电导率将相应增加。测定电导率应选用适于测定高纯水的电导率仪。一级水、二级水电导率检测，将电导池装在水处理装置流动出水口处，调节水流速，赶净管道及电导池内的气泡，即可进行测量。测量三级水电导率时，将 400mL 三级水注入烧杯中，插入光亮铂电极，用电导仪测定其电导率。测得的电导率小于或等于 0.5μS/cm 时，即为合格。

3）吸光度的测定

将水样分别注入 1cm 和 2cm 的比色皿中，用紫外可见分光光度计于波长 254nm 处，以 1cm 比色皿中水为参比，测定 2cm 比色皿中水的吸光度。一级水的吸光度应 ≤ 0.001；二级水的吸光度应 ≤ 0.01；三级水可不测水样的吸光度。若仪器的灵敏度不够时可适当增加吸收池的厚度。

4）SiO_2 的测定

SiO_2 的测定方法比较烦琐，一级水、二级水中的 SiO_2 按《分析实验室用水规格和试验方法》（GB/T 6682—2008）中的规定测定。通常使用的三级水可测定水中的硅酸盐。

量取 520mL 一级水（二级水取 270mL），注入铂皿中，在防尘条件下，亚沸蒸发至约 20mL，停止加热，冷却至室温，加 1.0mL 钼酸铵溶液（50g/L），摇匀，放置 5min 后，加 1.0mL 草酸溶液（50g/L），摇匀，放置 1min 后，加 1.0mL 对甲氨基酚硫酸盐溶液（2g/L），摇匀。移入比色管中，稀释至25mL，摇匀，于60℃水浴中保温10min。溶液所呈蓝色不得深于标准比色溶液。标准比色溶液的制备方法是，取0.50mL二氧化硅标准溶液(0.01mg/mL)，用水样稀释至20mL后，与同体积试液同时同样处理。

5)可氧化物的限度实验

量取1000mL二级水，注入烧杯中，加入5.0mL硫酸溶液(20%)，混匀。量取200mL三级水，注入烧杯中，加入1.0mL硫酸溶液(20%)，混匀。在上述已酸化的试液中，分别加入1.00mL高锰酸钾标准滴定溶液$\left[c\left(\frac{1}{5}KMnO_4\right)=0.01mol/L\right]$混匀，盖上表面皿，加热至沸并保持5min。溶液的粉红色不得完全消失。

6)蒸发残渣的测定

①量取1000mL二级水(三级水取500mL)。将水样分几次加入旋转蒸发器的蒸馏瓶中，于水浴上减压蒸发(避免蒸干)。待水样最后蒸至约50mL时，停止加热。将上述预浓集的水样，转移至一个已于(105±2)℃恒量的蒸发皿中，并用5~10mL水样分2~3次冲洗蒸馏瓶，将洗液与预浓集水样合并于蒸发皿中，按《化学试剂蒸发残渣测定通用方法》(GB/T 9740—2008)的规定测定。

②各级分析用水在贮存期间，其污染主要来源是聚乙烯容器可溶成分的溶解及空气中CO_2和其他杂质。所以，一级水不可贮存，应在使用前制备。二级水、三级水可适量制备，分别贮存于预先经同级水清洗过的相应容器中。各级水在运输过程中应避免污染。

2.7 标准溶液的配制方法

已知标准浓度的溶液叫作标准溶液。标准溶液浓度的准确度直接影响分析结果的准确度。因此，配制标准溶液在方法、使用仪器、量具和试剂方面都有严格的要求。应按国家标准《化学试剂 标准滴定溶液的制备》(GB/T 601—2016)的要求制备标准溶液。溶液配制操作流程如图2-10所示。

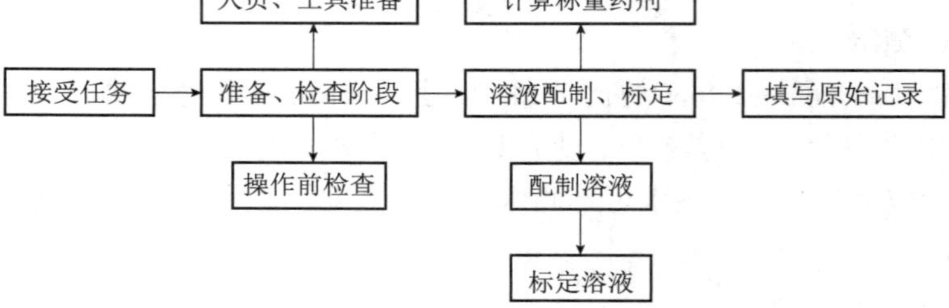

图2-10 溶液配制操作流程

标准溶液的配制方法分为间接配制法和直接配制法。直接配制方法是准确称取一定质量的物质，溶解于适量水后移入容量瓶，用水稀释至刻度，然后根据称取物质的质量和容量瓶的体积即可算出该标准溶液的准确浓度。

2.7.1 直接配制法

凡是基准试剂，都可以用来直接配成标准溶液。符合下列条件的物质，在分析化学上称为“基准物质”或称为“基准试剂”。

(1)在空气中要稳定。

(2)纯度较高(一般要求纯度在99.9%以上)。

(3)实际组成应与化学式完全符合。若含结晶水时，如硼砂$Na_2B_4O_7 \cdot 10H_2O$，其结晶水的含量也应与化学式符合。

(4)试剂最好具有较大的摩尔质量，因为摩尔质量越大，称取的量就越多，称量误差就可相应地减少。

2.7.2 间接配制法

许多化学试剂不符合直接配制法要求的条件，如NaOH，它很容易吸收空气中的CO_2和水分，因此称得的质量不能代表纯净NaOH的质量；HCl(除恒沸溶液外)，也很难知道其中HCl的准确含量；$KMnO_4$、$Na_2S_2O_3$等均不易提纯，且见光易分解，均不宜用直接法配成标准溶液，而要用间接配制法也叫标定法配制。即先配成接近所需浓度的溶液，再用基准物质或用另一种物质的标准溶液来测定它的准确浓度。这种利用基准物质(或用已知准确浓度的溶液)来确定标准溶液浓度的操作过程，称为“标定”或称“标化”。

(1)用基准物质标定。称取一定量的基准物质，溶解后用待标定的溶液滴定，然后根据基准物质的质量及待标定溶液所消耗的体积，即可算出该溶液的准确浓度。

(2)用标准溶液标定。准确吸取一定量的待标定溶液，用已知准确浓度的标准溶液滴定；或者准确吸取一定量的已知准确浓度的标准溶液，用待标定溶液滴定。根据两种溶液所消耗的毫升数及标准溶液的浓度，就可计算出待标定溶液的准确浓度。

2.7.3 标定注意事项

标定时，不论采用哪种方法都应注意以下几点：

(1)标定标准滴定溶液的浓度时，须两人进行实验，分别各做四平行，每人四平行测定结果极差的相对值不得大于重复性临界极差相对值的0.12%，两人共八行测定结果极差的相对值不得大于重复性临界极差相对值的0.18%，取两人八次平行测定结果的平均值为测定结果。在运算过程中保留五位有效数字，浓度值报出结果取四位有效数字。

(2)为了减小测量误差，称取基准物质的量不应太少；滴定时消耗标准溶液的体积也不应太小。

(3)配制和标定溶液时用的量器(如滴定管、移液管和容量瓶等)，在必要时须进行校正。

(4)标定后的标准溶液应妥善保存。

2.8 常用标准溶液的配制

高含硫气田化验分析常用标准溶液有氢氧化钠（NaOH）标准溶液、硫代硫酸钠（$Na_2S_2O_3$）标准溶液、硝酸银（$AgNO_3$）标准溶液、乙二胺四乙酸二钠（EDTA）标准溶液、盐酸（HCl）标准溶液。

2.8.1 氢氧化钠（NaOH）标准溶液

1）NaOH（0.1mol/L）标准溶液配制

将 NaOH 配制成饱和溶液，注于塑料瓶中密闭放至溶液清亮、倾取上层清液备用。

（1）0.1mol/L NaOH 标准溶液配制：量取 5.4mL NaOH 饱和溶液、注入 1000mL 不含 CO_2 的水中，混匀。

（2）1mol/L NaOH 标准溶液配制：量取 54mL NaOH 饱和溶液、注入 1000mL 不含 CO_2 的水中，混匀。

2）溶液标定

称取在 105 ~ 110℃ 条件下烘至恒重的基准试剂邻苯二甲酸氢钾 0.6g，准确至 0.0002g。溶于 50mL 无 CO_2 的水中，加入 2 滴酚酞指示剂（10g/L）。用 0.1mol/L NaOH 溶液滴定至溶液呈粉红色。

3）计算

$$N = m/(V \times 0.2042) \tag{2-1}$$

式中 N——NaOH 标准储备溶液的浓度，mol/L；

m——邻苯二甲酸氢钾，g；

V——氢氧化钠溶液的用量，mL；

0.2042——邻苯二甲酸氢钾的摩尔质量的数值。

2.8.2 硫代硫酸钠（$Na_2S_2O_3$）标准溶液

$Na_2S_2O_3$ 标准溶液在碘量法中起重要作用，特别对于高含硫的普光气田，$Na_2S_2O_3$ 溶液用于测定天然气中 H_2S 的含量，因此本小节重点介绍该标准溶液的配制。其配制及标定过程见图 2 - 11 ~ 图 2 - 13。

1）$Na_2S_2O_3$（0.1mol/L）标准溶液配制

称取 26g $Na_2S_2O_3$ 和 0.2g Na_2CO_3，溶于 1000mL 水中，缓缓煮沸保持 10min，冷却。将溶液保存于棕色具塞瓶中，放置 14d 后过滤备用。

2）标定

称取在 120℃ 条件下烘至恒重的基准试剂重铬酸钾 0.18g，称准至 0.0002g（用减量法）。置于 500mL 具塞锥形瓶中，溶于 25mL 无 CO_2 的水中，加入碘化钾（2g），待固体充分溶解后，加入 20mL 盐酸（1 + 2）。待碘化钾溶解后，于暗处放置 10min，加入 150mL 无 CO_2 的水，用 $Na_2S_2O_3$ 溶液进行滴定，近终点时，加入 2 ~ 3mL 淀粉指示剂，继续滴定至溶液由蓝色转成亮绿色。同时做空白实验校正结果。

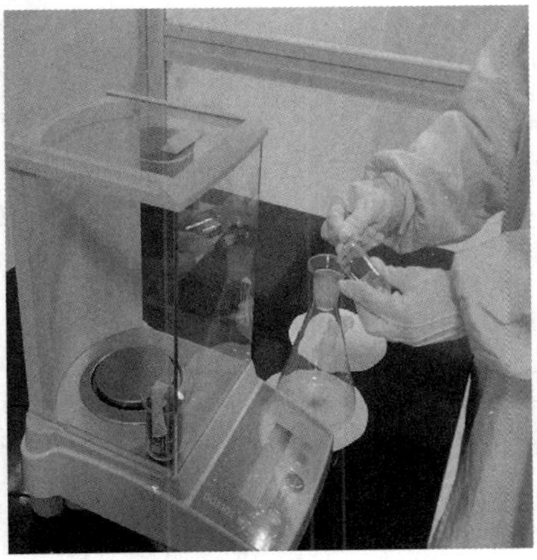

图2-11　减量法示意(1)

图2-12　减量法示意(2)

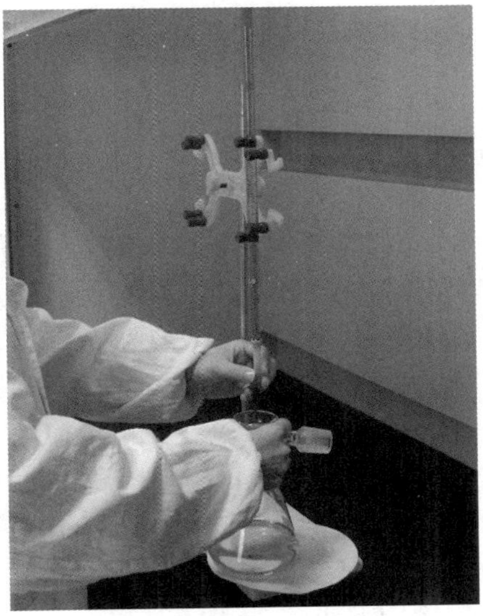

图2-13　滴定示意

3)计算

$$c = m \times 1000/49.03 \times (V_1 - V_2) \tag{2-2}$$

式中　c——$Na_2S_2O_3$ 标准储备溶液的浓度，mol/L；

m——重铬酸钾的质量，g；

V_1——试液滴定时 $Na_2S_2O_3$ 的消耗量，mL；

V_2——空白滴定时 $Na_2S_2O_3$ 的消耗量，mL。

注：两次标得的 $Na_2S_2O_3$ 溶液的浓度相差不应超过0.0002mol/L。

4)贮存和使用

$Na_2S_2O_3$ 标准溶液应保存在棕色玻璃瓶中，配制的溶液和标定后的溶液均应保存在温度接近20℃并没有阳光直射的地方，并且不应受到不良气体的影响。贮存溶液的瓶子瓶口要严密。每次取用时应尽量减少开盖的时间和次数。

5)注意事项

$Na_2S_2O_3$ 溶液不稳定，可与水中及空气中存在的 CO_2 发生反应，形成单质硫沉淀。此外，水中微量生物也能促进 $Na_2S_2O_3$ 溶液分解。

与水中的 CO_2 反应：$Na_2S_2O_3 + CO_2 + H_2O = NaHCO_3 + NaHSO_3 + S\downarrow$

与空气中的 O_2 反应：$Na_2S_2O_3 + O_2 = 2Na_2SO_4 + 2S\downarrow$

与水中的微生物反应生成：$Na_2SO_3 + S\downarrow$

鉴于此，$Na_2S_2O_3$ 溶液的配制应采取下列措施：

(1)将配制溶液煮沸一段时间，以除去 CO_2 和杀灭微生物。

(2)配制时，为防止其酸性分解并除去水中的铜离子，加入少量 Na_2CO_3 使溶液呈弱碱性，以保证溶液的浓度稳定。

(3)将配制好的溶液置于棕色瓶中放置 14d，再用基准物标定，若发现溶液浑浊须重新配制。

2.8.3 乙二胺四乙酸二钠(EDTA)标准溶液

1)EDTA(c = 0.01mol/L)标准溶液配制

称取 4.62g EDTA 充分溶于 1000mL 水中，摇匀。

2)标定

称取在 800℃条件下灼烧至恒重的氧化锌 0.01 ~ 0.02g，准确至 0.0001g，至于三角瓶中；用少量水润湿，加 2mL HCl(20%)使氧化锌完全溶解；加 100mL 水，用氨水调节 pH 值至 7 ~ 8；加 10mL 氨水 – 氯化铵缓冲溶液(pH≈10)，再加 5 滴铬黑 T 指示剂(5g/L)，用待标定的 EDTA 标准溶液滴至纯蓝色为终点，同时做空白实验。

3)计算

$$c = m/V \times 0.08139 \tag{2-3}$$

式中 c——EDTA 标准溶液浓度，mol/L；

m——氧化锌的质量，g；

V——待标定的 EDTA 溶液的消耗量，mL。

2.8.4 硝酸银($AgNO_3$)标准溶液

1)硝酸银($AgNO_3$)(c = 0.05mol/L)标准溶液配制

称取 8.5g $AgNO_3$，溶于 1L 水中，摇匀，保存于棕色磨口瓶中。

2)标定

将 NaCl 基准试剂于 500 ~ 600℃条件下烧至恒重，并在干燥状态下冷却至室温，称取冷却后的 NaCl 基准试剂 0.1g，准确至 0.0001g，溶于 70mL 水中；加 1mL 铬酸钾指示剂，用待标定的 $AgNO_3$ 溶液滴至生成砖红色悬浮物为终点。同样方法做空白实验。

3)计算

$$c = m/(V_1 - V_2) \times 0.058442 \tag{2-4}$$

式中 c——$AgNO_3$ 标准溶液的浓度，mol/L；

m——NaCl 的质量，g；

V_1——滴定时消耗 $AgNO_3$ 标准溶液的体积，mL；

V_2——空白实验时，待标定的 $AgNO_3$ 溶液的消耗量，mL。

2.8.5 盐酸(HCl)标准溶液的配制

1）HCl(0.05mol/L)标准溶液的配制

量取4.5mL HCl(ρ = 1.19g/L)，加蒸馏水，移入1000mL容量瓶中，并稀释至刻度，摇匀。

2）标定

称取于270～300℃条件下烘干2h的无水 Na_2CO_3 0.1g，准确至0.0001g，置于三角瓶中；溶于50mL不含 CO_2 的水中，加10滴溴甲酚绿－甲基红指示剂，用待标定的HCl溶液滴定至由绿色变为暗红色，煮沸2min，冷却后继续滴定至溶液再呈暗红色，同时做空白实验。

3）浓度计算

HCl标准滴定溶液的浓度[c(HCl)]数值以摩尔每升(mol/L)表示，按式(2－5)计算：

$$c(\mathrm{HCl}) = \frac{m \times 1000}{(V_1 - V_2) \times M} \qquad (2-5)$$

式中 c(HCl)——HCl标准溶液的浓度，mol/L；

m——无水 Na_2CO_3 的质量的准确数值，g；

V_1——HCl溶液的体积，mL；

V_2——空白实验HCl溶液的体积，mL；

M——无水 Na_2CO_3 的摩尔质量，g/mol。

2.9 常用指示剂

2.9.1 指示剂的概念

指示剂是化学试剂中的一类，用以指示滴定终点的试剂。在各类滴定过程中，随着滴定剂的加入，被滴定物质和滴定剂的浓度都在不断变化，在等当点附近，离子浓度会发生较大变化，能够对这种离子浓度变化作出显示(如改变溶液颜色，生成沉淀等)的试剂就叫指示剂。

2.9.2 常用指示剂配制

普光气田化验分析常用指示剂包括铬酸钾指示剂、甲基橙指示剂、酚酞指示剂、铬黑T指示剂、钙指示剂、淀粉指示剂。

1）铬酸钾指示剂的配制(50g/L)

称取50g铬酸钾，加水溶解，并稀释至1L。

2）甲基橙指示剂的配制(1g/L)

称取1g甲基橙，加水溶解，并稀释至1L。

3)酚酞指示剂的配制(1g/L)

称取1g酚酞，加90%乙醇将酚酞溶解，继续加90%乙醇稀释至1L。

4)铬黑T指示剂的配制(5g/L)

称取0.5g铬黑T溶于25mL三乙醇胺溶液和75mL无水乙醇中。

5)钙指示剂的配制

称取0.5g钙试剂和5g硫酸钾于玛瑙乳钵中，研磨至0.18mm，保存在干燥器中。

6)淀粉指示剂的配制(5g/L)

称取1g可溶性淀粉，加入10mL水，搅拌下注入200mL沸水，再微沸2min，冷却后，将上层清液倾入试剂瓶中备用。该溶液于使用前制备。

思考与练习

1. 玻璃仪器有哪几种洗涤方法？如何判断玻璃仪器是否洗干净？
2. 使用马弗炉应注意什么？
3. 实验室用水如何分级及具体用途是什么？
4. 标准溶液的配制方法有几种，如何实现？
5. 简述实验用水的制备方法。
6. 标准溶液标定时的注意事项有哪些？
7. 简述硫代硫酸钠($Na_2S_2O_3$)标准溶液配制过程及注意事项。

第 3 章　常用分析方法

化学分析法是以物质的化学反应为基础的一种经典分析方法。普光气田化验常用的分析方法主要有酸碱滴定法、氧化还原滴定法、重量分析法、分光光度法、气相色谱法、离子色谱法、电位滴定法。

3.1　酸碱滴定法

酸碱滴定法也称中和法，是一种利用酸碱反应进行容量分析的方法，指酸和碱生成盐和水的反应，其实质是酸中的氢离子和碱中的氢氧根离子结合成水的化学反应。

3.1.1　酸碱滴定法原理

酸碱滴定法是指利用酸和碱在水中以质子转移反应为基础的滴定分析方法，可用于测定酸、碱和两性物质，是一种利用酸碱反应进行容量分析的方法。通过指示剂显示反应终点突变的 pH 值范围，是一种用途极为广泛的分析方法。

酸——溶液中凡能给出质子的物质；

碱——溶液中凡能接受质子的物质。

酸碱反应是两对共轭酸碱对共同作用的结果，酸碱反应的实质就是酸失去质子，碱得到质子，即酸碱之间发生质子转移的过程。

$$H_2O + H_2O \rightleftharpoons H_3O^+ + OH^-$$

$$K_w = [H^+][OH^-] \tag{3-1}$$

式中，K_w 称为水的离子积，其值与浓度、压力无关，但与温度有关。在 25℃时，$K_w = 1.00 \times 10^{14}$。

酸碱指示剂为有机弱酸或弱碱，酸式体和碱式体颜色明显不同，溶液 pH 变化，指示剂结构改变，通过颜色变化指示滴定终点。

实际与理论的变色范围有差别，深色比浅色灵敏，指示剂的变色范围越窄，指示变色越敏锐。

滴定突跃。化学计量点前后相对误差为 0.1% 时引起 pH 值突然改变的现象叫作滴定突跃。滴定突跃是选择指示剂的依据。

选择指示剂原则。一是指示剂的变色范围全部或部分地落入滴定突跃范围内；二是指示剂的变色点应尽量靠近化学计量点。

(1) NaOH 滴定 HCl 的突跃范围：pH = 4.30 ~ 9.70。

(2)酚酞变色范围：pH＝8.0(无色)～10.0(红色)。

(3)甲基红变色范围：pH＝4.4(红)～6.2(黄)。

(4)甲基橙变色范围：pH＝3.1(红)～4.4(黄)。

3.1.2 酸碱滴定法应用

1)HCl标准滴定溶液的配制和标定

盐酸标准滴定溶液一般采用间接法配制，即先用市售的盐酸试剂(分析纯)配制成接近所需浓度的溶液，再用基准物质标定其准确浓度。

标定HCl标准滴定溶液的基准物质为无水碳酸钠，甲基红－溴甲酚绿混合指示剂指示终点，反应方程式为：

$$2HCl + Na_2CO_3 \longrightarrow H_2CO_3 + 2NaCl$$

$$H_2CO_3 \longrightarrow CO_2 + H_2O$$

计算：

$$c(HCl) = \frac{m(Na_2CO_3)}{V(HCl)M\left(\frac{1}{2}Na_2CO_3\right)} \tag{3-2}$$

式中 $c(HCl)$——HCl溶液浓度，mol/L；

$m(Na_2CO_3)$——称取Na_2CO_3的质量，g；

$V(HCl)$——消耗HCl的体积，mL；

$M\left(\frac{1}{2}Na_2CO_3\right)$——摩尔质量数，g/mol。

2)NaOH标准滴定溶液的配制和标定

NaOH标准滴定溶液采用间接法配制，即先配制成接近所需浓度的溶液，再用基准物质标定其准确浓度。

常用于标定NaOH标准滴定溶液的基准物质有邻苯二甲酸氢钾与草酸，滴定时以酚酞为指示剂，溶液由无色变至浅红色为终点。其标定反应为：

$$C_8H_5KO_4 + NaOH = C_8H_4NaKO_4 + H_2O$$

计算：

$$c(NaOH) = \frac{m(KHP)}{V(NaOH)M(KHP)} \tag{3-3}$$

式中 $c(NaOH)$——NaOH标准滴定溶液浓度，mol/L；

$m(KHP)$——邻苯二甲酸氢钾的质量，g；

$V(NaOH)$——消耗NaOH的体积，mL；

$M(KHP)$——摩尔质量数，g/mol。

3.2 氧化还原滴定法

氧化还原法是一种基于氧化还原反应的分析方法。在这类反应中，还原物被氧化(即失去电子)，氧化物被还原(即获得电子)。

3.2.1 氧化还原滴定法原理

氧化还原滴定法是以氧化还原反应为基础的容量分析方法。它以氧化剂或还原剂为滴定剂，直接滴定一些具有还原性或氧化性的物质；或者间接滴定一些本身并没有氧化还原性，但能与某些氧化剂或还原剂起反应的物质。

由于还原剂易被空气氧化而改变浓度，所以氧化滴定剂比还原滴定剂用得多。氧化滴定剂有高锰酸钾、重铬酸钾、硫酸铈、碘、碘酸钾、高碘酸钾、溴酸钾、铁氰化钾、氯胺等；还原滴定剂有亚砷酸钠、亚铁盐、氯化亚锡、抗坏血酸、亚铬盐、亚钛盐、亚铁氰化钾、肼类等。

1）氧化还原反应的方向和程度

氧化剂和还原剂的强弱，用有关电对的电极电位来衡量。电对的电极电位越高，其氧化态的氧化能力越强；电对的电极电位越低，其还原态的还原能力越强。因此，作为一种氧化剂，它可以氧化电极电位较它低的还原剂；作为一种还原剂，它可以还原电极电位较它高的氧化剂。

（1）氧化还原电对的电极电位。

对于氧化还原电对来说，其电极电位的大小可用能斯特公式表示：

$$\mathrm{Ox} + n\mathrm{e} \rightleftharpoons \mathrm{Red}$$

$$E = E^0 + \frac{RT}{nF}\ln\frac{a_{\mathrm{Ox}}}{a_{\mathrm{Red}}} \qquad (3-4)$$

式中 E——电对的电极电位，V；

E^0——电对的标准电极电位，V；

a_{Ox}——氧化态的活度；

a_{Red}——还原态的活度；

R——气体常数，8.314J（焦耳）；

T——绝对温度，K；

F——法拉第常数，96500C（库仑）；

n——反应中电子转移数；

e——电子。

将各常数代入式（3－4），并取常用对数，在25℃时，得

$$E = E^0 + \frac{0.059}{n}\lg\frac{a_{\mathrm{Ox}}}{a_{\mathrm{Red}}} \qquad (3-5)$$

（2）标准电极电位。

对于同一种物质来说，由于其氧化态或还原态存在的形式不一样，与它相关的氧化还原电对可能有好几个，而每一个电对的标准电极电位又是不相同的。例如：

$Ag^+ + e \rightleftharpoons Ag$　　$E^0_{Ag^+/Ag} = 0.7995V$

$AgCl_{(S)} + e \rightleftharpoons Ag + Cl^-$　　$E^0_{AgCl/Ag} = 0.2223V$

$AgI_{(S)} + e \rightleftharpoons Ag + I^-$　　$E^0_{AgI/Ag} = -0.152V$

电对的标准电极电位仅随温度变化。

（3）克式电位。

若以浓度代替活度，必须引入相应的活度系数 γ_{Ox}、γ_{Red}。考虑到氧化态和还原态可能

发生的副反应，还必须引入相应的副反应系数 α_{Ox}、α_{Red}。

$$a_{Ox}=\gamma_{Ox}[Ox]=\frac{\gamma_{Ox}}{\alpha_{Ox}}c_{Ox} \tag{3-6}$$

$$a_{Red}=\gamma_{Red}[Red]=\frac{\gamma_{Red}}{\alpha_{Red}}c_{Red} \tag{3-7}$$

式中，c_{Ox}、c_{Red}分别为氧化态和还原态的分析浓度，代入能斯特公式得：

$$E=E^0+\frac{0.059}{n}\lg\frac{\gamma_{Ox}\alpha_{Red}}{\gamma_{Red}\alpha_{Ox}}+\frac{0.059}{n}\lg\frac{c_{Ox}}{c_{Red}} \tag{3-8}$$

当 $c_{Ox}=c_{Red}=1\text{mol/L}$ 时，得：

$$E=E^{0'}=E^0+\frac{0.059}{n}\lg\frac{\gamma_{Ox}\alpha_{Red}}{\gamma_{Red}\alpha_{Ox}} \tag{3-9}$$

式中，$E^{0'}$称为克式电位。它表示在一定介质条件下，氧化态和还原态的分析浓度都为1mol/L时的实际电位，其值在一定条件下为常数。溶液的酸度、离子强度、沉淀的生成以及络合物的形成均对克式电位有影响。

引入 $E^{0'}$后，能斯特方程式变为：

$$E=E^{0'}+\frac{0.059}{n}\lg\frac{c_{Ox}}{c_{Red}} \tag{3-10}$$

通过有关氧化还原电对电极电位的计算，即可判断氧化还原反应进行的方向。

(4)氧化还原平衡常数。

若氧化还原反应为：

$$n_2Ox_1+n_1Red_2 \rightleftharpoons n_2Red_1+n_1Ox_2$$

两电对的半反应及能斯特公式是：

$$Ox_1+n_1e \rightleftharpoons Red_1 \qquad Ox_2+n_2e \rightleftharpoons Red_2$$

$$E_1=E_1^{0'}+\frac{0.059}{n_1}\lg\frac{c_{Ox_1}}{c_{Red_1}} \tag{3-11}$$

$$E_2=E_2^{0'}+\frac{0.059}{n_2}\lg\frac{c_{Ox_2}}{c_{Red_2}} \tag{3-12}$$

当反应达到平衡时，$E_1=E_2$，得：

$$\lg K'=\lg\left[\left(\frac{c_{Red_1}}{c_{Ox_1}}\right)^{n_2}\left(\frac{c_{Ox_2}}{c_{Red_2}}\right)^{n_1}\right]=\frac{E_1^{0'}-E_2^{0'}}{0.059}\times n \tag{3-13}$$

式中 n——两电对得失电子数的最小公倍数，也就是氧化还原反应中的电子转移数，当 $n_1=n_2$ 时，$n=n_1=n_2$，当 $n_1\neq n_2$ 时，$n=n_1n_2$；

K'——平衡常数，K'越大，或两电对克式电位值相差越大，反应进行得越完全。

2)氧化还原滴定的特点

氧化还原反应是基于电子转移的反应，机理比较复杂，因此，氧化还原滴定具有下述特点：

(1)很多物质都具有不同程度的氧化性或还原性，因此，采用不同的滴定方法和方式，并控制适当的反应条件，不仅很多无机物和有机物可用氧化还原滴定法直接测定，而且也可以间接测定能与氧化剂或还原剂发生定量反应的许多物质。

(2)氧化还原反应的速度一般较慢，因此，除加速反应的控制条件外，滴定速度也要与之适应，即滴定速度要小于反应速度。

(3)溶液的介质对氧化还原反应有较大影响，而且氧化还原反应还常伴有副反应发生，因此必须了解反应规律，创造合适的反应条件(如介质的温度、浓度、酸度等)使滴定反应能按所需方向定量地进行。

(4)氧化还原反应中常有诱导反应发生，对滴定分析不利，应设法避免，但如果严格控制反应条件，也可以利用诱导反应对混合物进行选择性滴定或分别滴定。

3)氧化还原反应的速率与影响因素

影响反应速度的主要因素有：

(1)反应物浓度。增加反应物浓度可以加速反应的进行。

(2)催化剂。催化剂可加快反应达到平衡。如 MnO_4^- 滴定 $C_2O_4^{2-}$ 时，加入少量 Mn^{2+} 作催化剂，能加快反应速度，同时二价锰的加入，降低 Mn^{3+}/Mn^{2+} 电对的电势，防止诱导反应的发生。

(3)温度。通常温度每升高10℃，反应速度可提高2~3倍。如 $KMnO_4$ 与 $C_2O_4^{2-}$ 的滴定反应需要在75~85℃条件下进行，以提高反应速度，但注意温度太高会使草酸($H_2C_2O_4$)分解。

由于氧化还原反应机理较为复杂，采用何种措施来加快滴定反应速度，需要综合考虑各种因素。

4)氧化还原滴定中待测组分的预处理

在氧化还原滴定中，为了便于滴定反应的进行，常需要用适当的氧化剂或还原剂，把待测组分氧化或还原成合适的价态，再用还原性或氧化性标准溶液滴定。

预处理用的氧化剂有 $KMnO_4$、$HClO_4$、$KClO_3$、KIO_4、$(NH_4)_2S_2O_8$、H_2O_2、PbO_2、$NaBiO_3$、Ag_2O_2、O_3、Cl_2、Br_2(水溶液)等；还原剂有 H_2S、SO_2、$SnCl_2$、HI(含 HClO)、Hg、联氨、次磷酸及次磷酸盐、Cd 粒、Zn 粒等。

进行预处理时所用的氧化剂或还原剂应符合下列要求：

(1)必须将待测组分完全地氧化或还原，而且反应应快速进行完全。

(2)反应应具有一定的选择性。

(3)过量的氧化剂或还原剂要易于除去。

过量氧化剂或还原剂除去的方法有：

①加热分解，如 $(NH_4)_2S_2O_8$、H_2O_2 可加热煮沸分解除去。

②过滤，如 $NaBiO_3$、Ag_2O_2 不溶于水，可借过滤除去。

③利用化学反应，如用 $HgCl_2$ 除去过量 $SnCl_2$：

$$SnCl_2 + 2HgCl_2 = SnCl_4 + Hg_2Cl_2 \downarrow$$

Hg_2Cl_2 沉淀不被一般滴定剂氧化，不必过滤除去。

3.2.2 氧化还原滴定法应用

1)高锰酸钾法

(1)方法简介。

高锰酸钾($KMnO_4$)是一种强氧化剂，介质条件不同时，还原产物不一样：

①在强酸性溶液中：

$$MnO_4^- + 8H^+ + 5e \rightleftharpoons Mn^{2+} + 4H_2O \quad E^0 = 1.51V$$

②在弱酸性、中性或弱碱性溶液中：

$$MnO_4^- + 2H_2O + 3e \rightleftharpoons MnO_2 + 4OH^- \quad E^0 = 0.59V$$

③在 pH > 12 的强碱性溶液中：

$$MnO_4^- + e \rightleftharpoons MnO_4^{2-} \quad E^0 = 0.564V$$

由于 $KMnO_4$ 在强酸性溶液中有更强的氧化能力，所以滴定反应一般都在强酸性条件下使用，$KMnO_4$ 氧化有机物时，在碱性条件下比在酸性条件下反应更快，所以测定有机物在碱性溶液中进行。

(2)特点。

高锰酸钾法有以下特点：

①$KMnO_4$ 氧化能力强，应用广泛，可以直接、间接地测定多种无机物和有机物。

②MnO_4^- 本身有色，滴定时一般无须另加指示剂。

③标准溶液不够稳定，不能久置。

④反应历程比较复杂，易发生副反应。

⑤因为 $KMnO_4$ 强氧化性，所以滴定选择性差。

⑥$KMnO_4$ 不能直接配制标准溶液。为了配制较稳定的高锰酸钾溶液，可称取稍多于计算用量的高锰酸钾，溶于一定体积的蒸馏水中煮沸，冷却后在暗处放置 7～14d，或将溶液加热至沸腾，并保持微沸 1h，使水中还原性物质与高锰酸钾充分作用，用微孔玻璃砂漏斗除去沉淀，贮存于棕色瓶中，标定后使用。

(3)使用注意事项。

①进行滴定反应时，所用的酸一般为 H_2SO_4，避免使用 HCl 或 HNO_3，因为 Cl^- 具有还原性，能与 MnO_4^- 作用，而 HNO_3 具有氧化性，它可能氧化某些被滴定的物质。

②滴定反应必须控制好滴定条件，即滴定过程中溶液的温度、酸度和滴定速度。

③计算分析结果时，要注意 $KMnO_4$ 在不同介质条件下，其基本单元不同。在强酸性溶液中，基本单元为 $\left(\frac{1}{5}KMnO_4\right)$；在弱酸性、中性或弱碱性溶液中，基本单元为 $\left(\frac{1}{3}KMnO_4\right)$；在强碱性溶液中，基本单元为 $KMnO_4$。

(4)应用示例。

①直接滴定法。

H_2O_2 的测定：在 H_2SO_4 介质中，用 $KMnO_4$ 滴定。

$$5H_2O_2 + 2MnO_4^- + 16H^+ = 5O_2 + 2Mn^{2+} + 8H_2O$$

Fe^{2+} 的测定：在 H_2SO_4 介质中，加入 H_3PO_4 或 KF，用 $KMnO_4$ 滴定。

$$5Fe^{2+} + MnO_4^- + 8H^+ = 5Fe^{3+} + Mn^{2+} + 4H_2O$$

Ca^{2+} 的测定：先将 Ca^{2+} 沉淀为 CaC_2O_4，过滤、洗涤，然后将沉淀溶于 H_2SO_4 中，在 70～80℃时用 $KMnO_4$ 滴定。

$$Ca^{2+} + C_2O_4^{2-} = CaC_2O_4 \downarrow$$

$$CaC_2O_4 + 2H^+ = Ca^{2+} + H_2C_2O_4$$

$$5H_2C_2O_4 + 2MnO_4^- + 6H^+ = 10CO_2 + 2Mn^{2+} + 8H_2O$$

②返滴定法。

CrO_4^{2-} 或 $Cr_2O_7^{2-}$ 的测定：酸性试液中，加过量 $FeSO_4$ 标准溶液，用 $KMnO_4$ 返滴剩余的 Fe^{2+}。

$$Cr_2O_7^{2-} + 6Fe^{2+} + 14H^+ \longrightarrow 2Cr^{3+} + 6Fe^{3+} + 7H_2O$$

$$Fe^{2+}(\text{过量}) + MnO_4^- \rightarrow$$

MnO_4^- 的测定：在 H_2SO_4 介质中，加过量 $FeSO_4$ 标准溶液，用 $KMnO_4$ 返滴剩余的 Fe^{2+}。

$$MnO_4^-(\text{样品}) + Fe^{2+} \rightarrow$$

$$Fe^{2+}(\text{过量}) + MnO_4^- \rightarrow$$

$S_2O_8^{2-}$ 的测定：将样品中通入 CO_2 保护，加过量 $FeSO_4$ 标准溶液，加热，冷却，用 $KMnO_4$ 返滴剩余的 Fe^{2+}。

$$S_2O_8^{2-} + 2Fe^{2+} \longrightarrow 2SO_4^{2-} + 2Fe^{3+}$$

$$Fe^{2+}(\text{过量}) + MnO_4^- \rightarrow$$

2）碘量法

碘量法是利用 I_2 的氧化性和 I^- 的还原性来进行滴定的方法。

固体 I_2 在水中溶解度很小且易挥发，通常将 I_2 溶解于 KI 溶液中，以 I_3^- 络离子形式存在。

$$I_3^- + 2e \rightleftharpoons 3I^- \qquad E^0 = 0.545V$$

I_2 是较弱的氧化剂，能与较强的还原剂作用；而 I^- 是中等强度的还原剂，能与许多氧化剂作用。碘量法可分直接碘量法和间接碘量法两种滴定方式。

（1）直接碘量法。

用 I_2 作标准溶液直接测定电位值比 $E^0_{I_3^-/I^-}$ 小的还原性物质的方法称为直接碘量法。例如用直接滴定法测 As(Ⅲ)、$S_2O_3^{2-}$、SO_3^{2-}、维生素 C 等。

直接碘量法不能在碱性溶液中进行，否则会发生歧化反应：

$$3I_2 + 6OH^- \longrightarrow IO_3^- + 5I^- + 3H_2O$$

（2）间接碘量法。

在一定条件下，用 I^- 还原电位值比 $E^0_{I_3^-/I^-}$ 大的氧化性物质，反应定量地析出 I_2，然后用 $Na_2S_2O_3$ 标准溶液滴定析出 I_2 的方法叫作间接碘量法。间接碘量法可间接地测定许多氧化性物质，如 CrO_4^{2-}、$Cr_2O_7^{2-}$、IO_3^-、ClO^-、MnO_4^-、Cu^{2+}、Fe^{3+} 等。其基本滴定反应为：

$$I_2 + 2S_2O_3^{2-} \longrightarrow 2I^- + S_4O_6^{2-}$$

此反应很迅速，但必须在中性或弱酸性溶液中进行。在碱性溶液中，I_2 与 $S_2O_3^{2-}$ 将发生副反应，且 I_2 在碱性溶液中会发生歧化反应；在强酸性溶液中，$Na_2S_2O_3$ 溶液会发生分解反应，同时 I^- 在酸性溶液中容易被空气中的 O_2 氧化。

（3）误差来源及控制措施。

碘量法的误差来源主要有两个方面：一是 I_2 易挥发；二是在酸性溶液中 I^- 容易被空气中的 O_2 氧化。为保证分析结果的准确度，可采取以下措施。

①防止 I_2 挥发的方法。

一是加入过量的 KI(一般比理论值大 2～3 倍)，由于生成 I_3^-，可减少 I_2 的挥发。

二是反应时溶液温度不能高，一般在室温下进行。

三是滴定开始时不要剧烈摇动溶液，要轻摇、慢摇，但一定要摇匀，否则局部过量的 $Na_2S_2O_3$ 会自行分解。当 I_2 的颜色已经很浅，且加入了淀粉后，则应充分剧烈摇动，并使用带有胶塞的锥形瓶(即碘瓶或碘量瓶)。

②防止 I^- 被空气氧化的方法。

在酸性溶液中，用 I^- 还原氧化剂时，应避免阳光照射(可用棕色瓶贮存 I^- 的标准溶液)；Cu^{2+}、NO_2^- 等将催化空气对 I^- 的氧化，应设法消除其干扰；析出 I_2 后，一般应立即用 $Na_2S_2O_3$ 溶液滴定；滴定速度应适当快些。

(4)使用注意事项。

①间接碘量法中要注意，KI 与待测氧化物质反应的速度一般很慢，为使反应完全，加入 KI 后要放置一段时间，一般不超过 5min，随后用 $Na_2S_2O_3$ 溶液滴定，否则过量的 KI 将被空气中 O_2 氧化成 I_2。放置时要避光，置于暗处，瓶口要加盖。但若是 KIO_3 与 KI 作用时，不需要放置，应即时进行滴定。

②所用 KI 溶液中应不含 KIO_3 或 I_2，如果 KI 溶液呈黄色，或将溶液酸化后加入淀粉指示剂呈蓝色，则应用 $Na_2S_2O_3$ 滴定至无色后再使用。

③用 $Na_2S_2O_3$ 滴定 I_2 时，要等滴至黄色很浅时再加淀粉，再滴至蓝色消失，过早加入淀粉，它与 I_2 形成的蓝色络合物会吸留部分 I_2，往往会使终点提前且不明显。

④当滴定至终点后，经过 5min 以上，溶液又出现蓝色，这是由空气中的 O_2 氧化 I^- 所引起的，但不影响分析结果。若滴定至终点后，很快又转变为蓝色，表示反应未完全，应另取溶液重新滴定。

⑤淀粉作指示剂在弱酸性溶液中灵敏度很高，显蓝色；$pH<2$ 时，淀粉水解成糊精，遇 I_2 显红色；$pH>9$ 时，I_2 变成 IO^- 而不显色。若有醇类存在，显色灵敏度会降低，在 50% 乙醇中则不显色，溶液中大量电解质与淀粉结合，或溶液温度升高等均会使指示剂的灵敏度降低。

⑥直接碘量法中，碘标准溶液应装入棕色酸式滴定管中。贮存时不能接触橡皮之类的有机物质，试剂瓶应用玻璃塞。

(5)应用示例。

①直接碘量法。

AsO_2^- 的测定：中性试剂，用 Na_2CO_3 调 pH 值至 7~8，加少许 KI 及淀粉指示剂，用 I_2 标准溶液滴至稳定的蓝色。

$$AsO_2^- + I_2 + 2H_2O = AsO_4^{3-} + 2I^- + 4H^+$$

维生素 C(又称抗坏血酸，分子式 $C_6H_8O_6$)的测定：试样加入刚煮沸并冷却的蒸馏水，加入 HAc 溶液和淀粉指示剂，再用 I_2 标准溶液滴至稳定的蓝色。

$$C_6H_8O_6 + I_2 = C_6H_6O_6 + 2I^- + 2HI$$

S^{2-}、HS^- 的测定：把样品加到过量 I_2 标准溶液中，用 HCl 酸化，再用 $Na_2S_2O_3$ 返滴。

$$H_2S + I_2 = S + 2I^- + 2H^+$$

$$I_2(\text{过量}) + S_2O_3^{2-} \rightarrow$$

②间接碘量法。

H_2O_2 的测定：在不断搅拌下，把试液加入含KI的 H_2SO_4 溶液中，放置，用 $Na_2S_2O_3$ 滴定。

$$H_2O_2 + 2I^- + 2H^+ = I_2 + 2H_2O$$

Cu^{2+} 的测定：将酸性试液（HNO_3 或 $HClO_4$）煮沸，加尿素，用 $NH_3 \cdot H_2O$ 调至中性，加氟氢化铵溶液和过量KI，用 $Na_2S_2O_3$ 滴至微黄色，加KSCN及淀粉指示剂，继续滴至蓝色消失。

$$2Cu^{2+} + 2I^- + 2SCN^- = Cu_2(SCN)_2 + I_2$$

3）重铬酸钾法

（1）方法简介。

重铬酸钾（$K_2Cr_2O_7$）是一种较强的氧化剂，在酸性介质中被还原成 Cr^{3+}：

$$Cr_2O_7^{2-} + 14H^+ + 6e \rightleftharpoons 2Cr^{3+} + 7H_2O \qquad E^0 = 1.33V$$

$K_2Cr_2O_7$ 的氧化能力比 $KMnO_4$ 稍弱。

重铬酸钾法的特点是：

①$K_2Cr_2O_7$ 易于提纯，可以直接称量配制标准溶液，不需标定。

②$K_2Cr_2O_7$ 标准溶液相当稳定，保存在密闭容器中，浓度可以长期保持不变。

③$K_2Cr_2O_7$ 氧化能力较 $KMnO_4$ 弱，选择性比较高。

④室温下，当HCl溶液浓度低于3mol/L时，$Cr_2O_7^{2-}$ 不氧化 Cl^-，因此可在HCl介质中进行滴定。

重铬酸钾法常用的指示剂是二苯胺磺酸钠。

（2）应用示例。

①直接滴定法。

Fe^{2+} 的测定：酸性介质（HCl或 H_2SO_4），加入 H_3PO_4 及二苯胺磺酸钠指示剂，用 $K_2Cr_2O_7$ 滴至紫色。

$$6Fe^{2+} + Cr_2O_7^{2-} + 14H^+ = 6Fe^{3+} + 2Cr^{3+} + 7H_2O$$

Fe^{3+} 的测定：酸性介质（HCl）加热，在摇动下滴加 $SnCl_2$ 至溶液显绿色，再多加2滴，冷却、稀释后加饱和 $HgCl_2$、浓 H_3PO_4 及二苯胺磺酸钠指示剂，用 $K_2Cr_2O_7$ 滴至紫色。

$$2Fe^{3+} + SnCl_2 + 4Cl^- = 2Fe^{2+} + SnCl_6^{2-}$$

$$SnCl_2 + HgCl_2 + 2Cl^- = Hg_2Cl_2\downarrow + SnCl_6^{2-}$$

$$6Fe^{2+} + Cr_2O_7^{2-} + 14H^+ = 6Fe^{3+} + 2Cr^{3+} + 7H_2O$$

②返滴定法。

$Cr_2O_7^{2-}$ 的测定：酸性试液，加过量 $FeSO_4$ 标准溶液，再加浓 H_3PO_4 及二苯胺磺酸钠指示剂，用 $K_2Cr_2O_7$ 返滴至紫色。（虽可直接用 $FeSO_4$ 滴定，但无合适指示剂，故用返滴法。）

$$Cr_2O_7^{2-} + 6Fe^{2+} + 14H^+ = 2Cr^{3+} + 6Fe^{3+} + 7H_2O$$

化学需氧量（COD）的测定：水样中加入过量 $K_2Cr_2O_7$ 溶液，加热回流，使有机物氧化成 CO_2，过量 $K_2Cr_2O_7$ 用硫酸亚铁铵 $(NH_4)_2Fe(SO_4)_2$ 标准溶液返滴定，用试亚铁灵指示滴定终点。

$$3C + 2Cr_2O_7^{2-} + 16H^+ = 3CO_2 + 4Cr^{3+} + 8H_2O$$

$$6Fe^{2+} + Cr_2O_7^{2-}(\text{过量}) + 14H^+ = 6Fe^{3+} + 2Cr^{3+} + 7H_2O$$

3.3　重量分析法

3.3.1　重量分析法原理

重量分析法是根据反应产物的质量来确定待测组分含量的定量分析方法。分析时，一般是先采用适当方法将被测组分从试样中分离出来，转化为一定的称量形式并称重，由所称得的质量计算被测组分的含量。重量分析法准度高，相对误差约0.2%，直接用分析天平称量就可获得结果，不需要标准试样或基准物质进行比较，常作为对比方法和校正方法，但是操作烦琐、耗时较长，不适于微量和痕量组分的测定。

1)重量法对沉淀形式的要求

(1)沉淀的溶解度必须很小(一般要小于10^{-4}mol/L)，以保证被测组分沉淀完全，以免沉淀的溶解损失影响测定的准确度。

(2)沉淀形式要便于过滤和洗涤，最好是粗大的晶形沉淀，因为小颗粒晶体，易于穿过滤纸。

(3)沉淀力求纯净，尽量避免其他杂质的沾污，以保证获得准确的分析结果。

2)重量分析对称量形式的要求

(1)称量形式必须有确定的化学组成。

(2)称量形式必须稳定，不受空气中水分、CO_2和O_2等的影响。

(3)称量形式的相对分子质量要大，即被测组分在称量形式中所占比例要尽可能小，这样可增大称量形式的质量、减小称量误差，提高测定的准确度。

3)沉淀的溶解度、溶度积及其影响因素

利用沉淀反应进行重量分析时，沉淀反应进行得越完全越好。沉淀的溶解度小，沉淀完全；溶解度大，沉淀不完全。重量分析中，通常要求被测组分在溶液中的残留量不超过0.0001g，即小于分析天平的允许称量误差。但是很多沉淀不能满足这个要求。

4)理想的沉淀剂应具备下列条件

(1)沉淀剂应与被测组分反应完全。生成的沉淀溶解度要小，组成固定，结构较好，颗粒大。易于过滤和洗涤，分离后得到的沉淀较纯。

(2)沉淀剂应具有较好的指向性，即只与待测组分生成沉淀，而与溶液中其他组分不起作用。否则必须进行分离或掩蔽以消除其他组分的干扰。从这点考虑，许多有机沉淀剂优于无机沉淀剂。

(3)沉淀剂应挥发或易于灼烧除去。

(4)沉淀剂本身的溶解度要尽可能大，以减少沉淀对它的吸附。在这方面，无机沉淀剂一般优于有机沉淀剂。

3.3.2　重量分析法分类

根据分离方法的不同，重量分析一般分为三类：沉淀法、汽化法、电解法。

1)沉淀法

利用沉淀反应将被测组分转化为难溶化合物，形成沉淀后经过滤、洗涤，并在烘干或灼烧至恒重的条件下转化为组成稳定的称量形式，最终通过称量其质量计算出被测组分的含量。沉淀法是重量分析法中的主要方法，应用也最为广泛。

2)汽化法

利用物质的挥发性质，通过加热、蒸馏或其他方法使被测组分转化为挥发性物质从试样中逸出，根据气体逸出前后试样的质量之差来计算被测组分含量，又称挥发法。有时也可用吸收剂将逸出的组分气体全部吸收，这时可根据吸收剂质量的增值来计算组分的含量。例如，要测定氯化钡晶体中结晶水的含量，可将一定质量的氯化钡试样加热，使水分逸出，根据氯化钡质量的减小值算出试样的含水量。也可以用吸湿剂(如氯酸镁)吸收逸出的水分，根据吸湿剂质量的增加值来计算试样的含水量。在无机物中，具有挥发性质的物质并不多，所以汽化法的选择性比较好。

3)电解法

根据电解原理，用电子作沉淀剂使金属离子在电极上还原析出，然后称量，求得其含量。电解分析包括控制外加电压电解分析、控制阴极电位电解分析、控制电流电解和汞阴极电解法。

3.3.3　重量分析法的应用

重量分析法是用分析天平称量而获得分析结果，测定中不需要与标准试样或基准物质进行比较，故其准确度高。对于常量组分测定，一般相对误差为 0.1% ~0.2% 。该法的缺点是操作烦琐、费时、周期长，不适用于微量组分分析，重量分析法以沉淀法应用最为广泛。沉淀法的应用：测定样品中 SO_4^{2-} 的含量。

(1)要测定样品中硫酸根(SO_4^{2-})含量，首先把硫酸根沉淀为硫酸钡($BaSO_4$)，如果灼烧后硫酸钡的质量为 A(g)。设称取供试品的质量为 m(g)。

(2)计算。

$$m = A \times 96/233 \tag{3-14}$$

式中　m——硫酸根的质量，g；

A——灼烧后硫酸钡的质量，g；

96——SO_4^{2-} 的式量；

233——$BaSO_4$ 的式量。

(3)注意事项。

(1)采用沉淀法测定时，取供试品应适量。取样量多，生成沉淀量亦较多，致使过滤洗涤困难，带来误差；取样量较少，称量及各操作步骤产生的误差较大，使分析的准确度降低。

(2)不具有挥发性的沉淀剂，用量不宜过量太多，以过量 20% ~30% 为宜。

(3)加入沉淀剂时要缓慢，使生成较大颗粒。

(4)沉淀的过滤和洗涤，采用倾注法。倾注时应沿玻璃棒进行。沉淀物可用洗涤液少量多次洗涤。

(5)沉淀的干燥与灼烧。洗涤后的沉淀，除吸附大量水分外，还可能有其他挥发性杂质存在，必须用烘干或灼烧的方法除去，使之具有固定组成，才可进行称量。(注：灼烧这一操作是将带有沉淀的滤纸卷好，置于已灼烧至恒重的坩埚中，先在低温条件使滤纸炭化，再高温灼烧。灼烧后冷却至适当温度，再放入干燥器继续冷却至室温，最后称量。)

重量法可测定某些无机化合物和有机化合物的含量。在药物纯度检查中常应用重量法进行干燥失重、炽灼残渣、灰分及不挥发物的测定等。

3.4 分光光度法

分光光度法是通过测定被测物质在特定波长或一定波长范围内光的吸光度或发光强度，对该物质进行定性和定量分析的方法。分光光度法广泛应用于多个领域，包括但不限于化学、生物化学、环境科学、医药、食品检测、材料科学和法医学等。根据应用的光谱区域不同，分光光度法可分为紫外可见分光光度法、红外分光光度法和原子吸收分光光度法等。该方法以其灵敏度高、操作简便快速等特点，在实验室分析中占有重要地位。

3.4.1 分光光度法原理

分光光度法的原理是朗伯－比尔定律，该定律表明光通过均匀的溶液时，其强度的减弱(即吸光度 A)与溶液的浓度 c 和光程长度 b(样品的厚度)成正比，与光的吸收系数 ε 成正比，数学表达式为 $A=\varepsilon bc$。

在分光光度计中，将不同波长的光连续地照射到一定浓度的样品溶液时，便可得到与不同波长相对应的吸光度。以波长 λ 为横坐标，吸光度 A 为纵坐标，就可绘出该物质的吸收光谱曲线，利用该曲线进行物质定性、定量分析。

3.4.2 分光光度计的应用

分光光度法主要采用分光光度计对普光气田水质铁、浊度、硫化物、磷酸盐、总磷含量以及酸碱溶液、硫黄中铁等含量进行化验分析。

1)仪器自检

通过自检可以确保仪器在测量前已经达到最佳工作状态，从而避免因仪器性能问题导致的测量误差。仪器自检完毕后自动进入主界面。仪器自检时，严禁打开测量部分的盖板。仪器使用前需预热30min。

2)设定波长

对分光光度计设定波长的目的是选择最大吸收波长，以提高测定的灵敏度和准确度，同时利用物质的特征吸收光谱进行定性和定量的分析。在主界面下，系统的默认功能选项为透过率测试，进入波长设定界面，输入所需波长值。

3)调透光率

透光率是光线通过物质后，透射光与入射光强度的比值。在分光光度计的使用中，调整透光率至特定值的目的是补偿由温度变化和溶液反光率影响导致的光线折射方向的微小变化。通过调节光栅，可以重新对正光线，使透射比达到100.0%，从而保证测量的准确性。在当前工作波长下，使用空白样品进行透光率调整为100.0%。

4)标准曲线的建立(作用、目的)

(1)标准曲线主界面。按“MODE”键直至光标切换到“C”模式。

(2)新建曲线。选定“新建曲线”，按确认键进入建立标准曲线步骤。根据仪器界面的提示逐步操作。

(3)定标准样品个数。选定“新建曲线”后，按确认键，进入标准样品个数设定界面。根据需要，选择标准样品个数，按确认键。

(4)设定标准样品浓度。将参比样品放入光路，校准空白。根据提示将1#标样放入光路，输入1#标准样品的浓度，输入浓度值后按确认键确认，用同样的方法输入第二位及以后各位的数字。当输入完最后一位数字后按确认键，则系统会自动记录其吸光光度度值并转入2#标样浓度输入界面。此时将2#标样拉入光路，并参照1#标样的输入方法输入2#标样的浓度。重复上述步骤，直至最后一个标样的浓度输入完成。

(5)绘制标准曲线。当最后一个标样的浓度输入完成，按确认键，系统会自动显示所建立的标准曲线与曲线方程及相关系数 R。

5)样品浓度测定

进入浓度测试界面，将参比溶液拉入光路，调吸光度为0.000A或透光率为100.0%，再将未知浓度的样品放入光路，可以得到相应样品的浓度。重复上述步骤，可以完成多个样品的浓度测试。

6)注意事项

(1)每次使用后应检查样品室是否积存有溢出溶液，须经常擦拭样品室，以防止废液对部件或光路系统的腐蚀。

(2)每次测量结束或溶液更换时，需要及时对比色皿进行清洗，然后放在低浓度酸性溶液里浸泡，浸泡后用蒸馏水冲洗比色皿的内外壁，否则比色皿壁上的残留溶液会引起测量误差。

(3)在开机之前，先要检查样品室中是否有比色皿或其他物品。因为仪器在开机后要进行一系列的功能自检，如果有物品放在样品室中会导致无法完成自检。

3.4.3　分光光度计常见故障排除

分光光度计故障现象、故障原因、排除方法见表3－1。

表3－1　分光光度计常见故障排除

故障现象	故障原因	排除方法
开启电源，仪器无反应，屏幕不显示	1. 电源未接通； 2. 电源保险丝熔断； 3. 仪器电源开关接触不良	1. 检查供电电源； 2. 更换保险丝； 3. 更换仪器电源开关

续表

故障现象	故障原因	排除方法
仪器测量样品数据不稳定	1. 测量样品具有挥发性； 2. 电压不稳定； 3. 空白校正不准确	1. 测量的样品挥发性太大，需使用比色皿盖子，如果是强挥发性气体，敞开样品池去除干扰气体后测量； 2. 确认外部电源是稳压电源； 3. 用来校零的空白溶液的吸光度值不应该超过0.4Abs，如果超过应检查或更换空白溶液或参比溶液
仪器测量样品吸光度不准确	1. 比色皿配对性差； 2. 石英比色皿或者玻璃比色皿不在适用的波长范围	1. 确认比色皿配对； 2. 确认石英比色皿或者玻璃比色皿在适用的波长范围内
测量样品重复性差	1. 样品不稳定、有光解现象； 2. 比色皿擦拭方法不正确	1. 确认样品稳定，样品无光解等现象； 2. 正确擦拭比色皿，仔细擦拭、清洗比色皿
仪器自检出错	1. 样品室有挡光物； 2. 电源电压过低； 3. 灯电源没亮	1. 样品室是否有挡光物； 2. 电源电压是否过低； 3. 钨灯、氘灯是否点亮

3.5 气相色谱法

气相色谱法是一种高效的色谱分析技术，主要用于分离和分析易挥发的有机化合物以及某些无机气体混合物。它利用气体作为流动相，流动相通常称为载气，如 N_2、He、H_2 或 Ar，将样品中的不同组分带入装有固定相的色谱柱中。根据组分在固定相和流动相之间的分配系数或吸附能力的差异，各组分以不同的速度通过色谱柱，从而实现分离。

3.5.1 气相色谱法原理

气相色谱法是以气体作为流动相的分离测定方法，当样品被送入进样器后由载气携带进入填充色谱柱或毛细管色谱柱。由于样品中各个组分在色谱柱中的流动相(气相)和固定相(液相或固相)之间分配或吸附系数的差异，在载气的冲洗下，各组分在两相间反复多次分配，使各组分在色谱柱中得到分离，检测器根据组分的物理化学特性，将其按顺序检测出来。最后由二次仪表(如记录仪、积分仪、色谱工作站等)将各组分的检测结果以图形方式记录下来。积分仪或色谱工作站还可直接打印包括各组分检测结果的分析报告。

3.5.2 气相色谱仪

采用气相色谱法需使用气相色谱仪，它是一种多组分混合物的分离、分析工具，利用物质的物理性质对混合物进行分离，测定混合物的各个组分，并对混合物中的各个组分进行定性、定量分析。气相色谱仪包括六个基本单元：气路系统、温控系统、进样系统、柱系统、检测系统、数据采集及处理系统。

气相色谱分析对检测器的要求是测量准确、响应快、稳定性好、灵敏度高、适应范围广。针对样品的各种化学物理特性，共有五种检测器可供选择，分别为氢火焰离子化检测器(FID)、热导检测器(TCD)、电子捕获检测器(ECD)、氮磷检测器(NPD)、火焰光度检测器(FPD)。

1)氢火焰离子化检测器(FID)

样品在富氢火焰燃烧产生离子，该离子在外加电场的作用下做定向迁移，从而产生极微弱的电流信号，然后由收集极收集，再经过微电流放大器放大后，输出到记录仪或色谱数据处理机，绘出相应的色谱图。FID对所有的有机物都有响应，对碳氢化合物敏感度达10^{-12}g/s，对无机物无响应或响应很小。FID是质量型检测器，对样品具有破坏性。

2)热导检测器(TCD)

热导检测器由热导池体和热敏元件组成。热敏元件是四根电阻值完全相同的金属丝(钨丝或白金丝)，阻值相等的热敏电阻作为四个臂接入惠斯顿电桥中，由恒定的电流加热。如果热导池只有载气通过，载气从两个热敏元件带走的热量相同，四个热敏元件的温度变化是相同的，其电阻值变化也相同，电桥处于平衡状态，无信号输出。如果样品混在载气中通过测量池，由于样品气和载气的热导系数不同，两边带走的热量不相等，热敏元件的温度和阻值也就不同，从而使得电桥失去平衡，记录器上就有信号输出，且信号与组分浓度成正比。TCD是非破坏性浓度型检测器，可用于样品收集或与其他仪器联用。

3)电子捕获检测器(ECD)

电子捕获检测器内有一个放射源(Ni^{63}放射源)作为负极，还有一个正极。两极间加适当电压。当载气进入检测器时，受放射源不断放出β粒子射线的辐照发生电离，生成的正离子和电子分别向负极和正极移动，形成恒定的基流。含有电负性元素的样品进入检测器后，就会捕获电子而生成稳定的负离子，生成的负离子又与载气正离子复合。结果导致基流下降，下降的程度与组分的浓度成正比，在记录仪上产生倒峰。

4)氮磷检测器(NPD)

氮磷检测器具有与FID相似的结构，在NPD的喷口上方，有一个被大电流加热的铷珠，碱金属盐(铷珠)受热而逸出少量离子，铷珠上加有极化电压，与圆筒形收集极形成直流电场，逸出的少量离子在直流电场作用下定向移动，形成微小电流被收集极收集，即为基流。当含氮或磷的有机化合物从色谱柱流出，在铷珠的周围产生热离子化反应，使碱金属盐(铷珠)的电离度大大提高，产生的离子在直流电场作用下定向移动，形成的微小电流被收集极收集，再由微电流放大器将信号放大，并由积分仪处理，实现定性定量分析。

5)火焰光度检测器(FPD)

火焰光度检测器利用元素光谱的强弱与元素在物质中的含量有一定的比例关系来定量分析，由色谱柱分离的各组分(含S，P化合物)在富氢火焰中燃烧产生激发态S_2^*或发光HPO^*，同时发射出不同波长的特征光谱(硫特征波长394nm，磷特征波长526nm)，并用干涉滤光片滤除干扰光，特定波长光经过光电倍增管把光信号转换成电信号，再由微电流放大器放大，输出的信号可由色谱数据处理机、色谱工作站等二次仪表进行计算。

3.5.3 气相色谱仪的使用

根据高含硫天然气净化流程特点，通过使用气相色谱仪对进厂原料天然气、脱硫天然气、产品天然气、硫黄回收及尾气处理单元过程气等样品的组成进行分析。使用配备热导检测器(TCD)的气相色谱仪分析进厂原料天然气的 H_2S 及其他组成；使用配备火焰光度检测器(FPD)的气相色谱仪分析脱硫天然气、产品天然气中的 H_2S；使用配备氢火焰离子化检测器(FID)的气相色谱仪分析天然气中的烃类等组分。气相色谱仪一般操作过程如下：

(1)打开进入气相色谱仪的各气体开关或阀门，并检查气路是否泄漏。

(2)接通气相色谱仪电源开关，待气相色谱仪通过自检后，启动电脑，打开气相色谱工作站软件进行联机后，点击“方法和运行控制”模块，直接调用分析方法。

(3)检查气相色谱仪参数达到设定值，确认无报警提示，状态显示就绪。气相色谱仪基线平稳，即可进样。

(4)样品采集完毕后，点击“开始运行”，气相色谱仪自动分离各组分。

(5)运行完成后，对谱图中不规则的峰进行手动积分、组分编辑，确保组分积分正确，保存谱图并记录结果。

(6)如需要关闭仪器，应先进入检测器界面，按“加热器关闭”按钮，让检测器自然降温，最后进入进样器界面，按“加热器关闭”按钮，让进样器自然降温。等待检测器、进样器的温度降至室温附近，即可关闭电源，最后关闭各气源。

(7)样品分析完成后将取样钢瓶放到留样通风橱内。

3.5.4 气相色谱仪常见故障排除

气相色谱仪故障现象、故障原因、排除方法见表 3－2。

表 3－2 气相色谱仪常见故障排除

故障现象	故障原因	排除方法
无峰	1. 检测器火焰熄灭； 2. 进样器的汽化程度太低，样品未能汽化； 3. 柱温过低使样品冷凝在色谱柱中； 4. 进样针出现问题，取不上样品	1. 检测器手动点火； 2. 调高进样器的温度； 3. 调高柱温； 4. 更换进样针
前延峰	1. 色谱柱过载； 2. 柱子、进样口温度低； 3. 前次样品在色谱柱中凝聚，未能及时出尽	1. 减小进样量，使用大容量柱子； 2. 提高柱子、进样口温度； 3. 增大载气流速，老化柱子
拖尾峰	1. 衬管，色谱柱被污染； 2. 进样器温度过高； 3. 衬管或色谱柱中有堆积切割碎屑； 4. 进样量过高	1. 清洗衬管，老化色谱柱； 2. 降低进样器温度； 3. 清洗更换衬管，切除柱头 10cm； 4. 减小进样体积或稀释样品
基线向下漂移	柱子新安装的检测器未达到平衡	1. 老化柱子； 2. 延长检测器的平衡时间
基线向上漂移	1. 色谱柱固定相被破坏； 2. 载气流速下降	1. 更换色谱柱； 2. 调整载气压力

3.6　离子色谱法

离子色谱法是一种液相色谱技术，专门用于分离和分析水溶液中的离子性化合物，包括无机阴离子、阳离子以及某些有机离子。离子色谱法利用样品中离子与固定相(通常是离子交换树脂)上的可交换离子之间的相互作用实现分离。

3.6.1　离子色谱法原理

离子色谱法是高效液相色谱技术一种，其分离原理是通过流动相与固定相之间的相互作用，使流动相中的不同组分在两相中重新分配，进而使各组分在分离柱中的滞留时间有所区别，从而达到分离的目的。

3.6.2　离子色谱仪

离子色谱法需借助离子色谱仪实现，其分离原理基于离子在固定相和流动相之间有不同的分配系数。当流动相将样品带到分离柱时，由于各种离子对离子交换树脂的相对亲和力不同，样品中的各离子被分离。被分离的离子流经电导池，由电导检测器检测，并绘出各离子的色谱图，以保留时间定性，以峰面积或峰高定量测出离子含量。

根据离子色谱仪的原理，通常其分为以下六个部分：

(1)输液系统(包括离子色谱泵)。

(2)进样系统(包括高速切换进样阀，内部须采用陶瓷型密封件)。

(3)分离系统(主要是色谱柱系统)。

(4)检测系统(包括检测器和记录器)。

(5)数据处理系统(包括电脑、系统操作软件)。

(6)恒温系统(包括电导检测器恒温装置和色谱柱的恒温装置)。

3.6.3　离子色谱仪使用

(1)打开 N_2 阀门、主机及电脑电源，开启桌面上“资源管理器”。确认离子色谱软件“启动”，关闭页面。双击打开操作系统软件。

(2)打开自动进样器外盖，按压黑色按钮一次，自动进样器准备完毕。点击“Pump - ECD”，打开仪器泵头上的旋钮，旋转2~3圈，点击“灌注”，运行2min后点击关闭。轻轻旋紧旋钮。

(3)点击“Pump - ECD - C”打开仪器泵头上的旋钮，旋转2~3圈，点击“灌注”，运行2min后点击关闭。轻轻旋紧旋钮。

(4)“ECD”界面。点击“打开”，待压力上升到1000psi以上时，从上往下点击所有“打开”按钮，“CR - TC”抑制器电流设置为57mA。

(5)“ECD - C”界面。点击“打开”，待压力上升到1000psi以上时，从上往下点击所有“打开”按钮，抑制器电流设置为59mA。

(6)仪器开启完毕，点击“监测基线”，等待约1h后仪器平衡可以分析样品。

(7)样品的测定：点击“数据”，选择“序列”，点击“添加样品”，设置样品名称、样品位置(与放入自动进样器中样品位置一致)，点击“保存”。待仪器稳定后停止“监测基线”，点击“继续”即开始运行样品。

(8)样品运行完毕后，点击“数据”，选择需要查看的样品，双击打开，选择“峰结果”即可查看分析结果。点击上方的“通道”进行阴、阳离子的切换，查看阴离子、阳离子的分析结果。

3.6.4 离子色谱仪常见故障排除

离子色谱仪的故障现象、故障原因、排除方法见表3－3。

表3－3 离子色谱仪常见故障排除

故障现象	故障原因	排除方法
压力升高	1. 淋洗液发生器堵塞； 2. 单向阀堵塞； 3. 管路气泡未排尽	1. 更换垫片并反复冲洗； 2. 更换单向阀； 3. 打开泵头排除气泡
压力降低	1. 泵故障； 2. 配件或管路有泄漏点	1. 更换泵头密封圈或柱塞； 2. 更换配件或管路
背景电导高	1. 抑制器损坏或堵塞； 2. 无淋洗液	1. 更换或清洗抑制器； 2. 重新配制淋洗液，确保使用量
保留时间变化	1. 淋洗液浓度不符合要求； 2. 泵的流速不符合要求； 3. 分析柱污染； 4. 温度变化	1. 调整淋洗液浓度； 2. 调整泵的流速； 3. 清洗或更换分析柱； 4. 维修柱温箱

3.7 电位滴定法

电位滴定法是在滴定过程中通过测量电位变化以确定滴定终点的方法。普通滴定法是依靠指示剂颜色变化来指示滴定终点，如果待测溶液有颜色或浑浊时，终点的指示就比较困难，或者根本找不到合适的指示剂。电位滴定法依据电极电位的突跃来指示滴定终点，可以弥补普通滴定法的不足。

3.7.1 电位滴定法原理

电位滴定法通过测量电极电位变化，来测量离子浓度。选用适当的指示电极和参比电极，与被测溶液组成一个工作电池，不断加入滴定剂，使其发生化学反应，从而引起被测离子浓度的变化，导致指示电极的电位随之变化。在滴定终点附近，被测离子的浓度发生突变，引起电极电位的突跃。根据电极电位的突跃确定滴定终点。

电位滴定曲线有 $E-V$、$\Delta E/\Delta V-V$ 及 $\Delta^2E/\Delta V^2-V$，用指示电极的电位 E 对滴定剂的体积 V 作图，得到S形曲线，曲线突跃部分的转折点的体积为滴定终点。也可用曲线上各点的一级微商 $\Delta E/\Delta V$ 代替 E 对滴定剂体积 V 作图，$\Delta E/\Delta V$ 极大处即为滴定终点。还可用二级微商 $\Delta^2E/\Delta V^2$ 滴定剂体积作图，$\Delta^2E/\Delta V^2$ 等于零处为滴定终点。滴定曲线如图3－1所示。

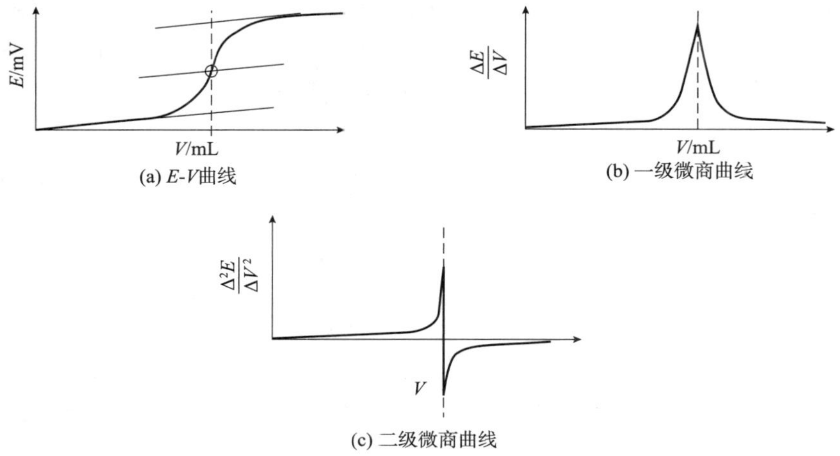

(a) E-V曲线　(b) 一级微商曲线　(c) 二级微商曲线

图3－1　电位滴定曲线示意

3.7.2　电位滴定仪

1）仪器装置

仪器装置组成：滴定管、指示电极、参比电极、磁力搅拌器及电位测定仪。

2）电极的应用

不同种类电极应用于不同滴定方法。酸碱滴定中一般使用pH玻璃电极作指示电极，氧化还原滴定中通常采用铂电极作指示电极。为了响应灵敏，铂电极应保持清洁、光亮，如有沾污，使用前先用洗液浸泡片刻，洗涤干净，必要时可用氧化焰灼烧。沉淀滴定根据不同的沉淀反应选用不同的指示电极。如以 $AgNO_3$ 溶液滴定卤素离子，可用银电极，也可用相应的离子选择电极。用EDTA配位滴定时，可用Hg电极。关于参比电极一般多采用饱和甘汞电极。

3）常见的滴定模式

（1）DET动态滴定。滴加的每一滴标准溶液的体积不同，主要依据电极反馈的电位信号的变化大小确定，电位变化大，则滴入体积小，否则体积大。DET动态滴定模式适用于化学反应进程迅速的大多数滴定实验，如常规的沉淀滴定、络合滴定、酸碱滴定、氧化还原滴定等。采用动态滴定模式能大大缩短实验时间。动态滴定曲线示意如图3－2所示。

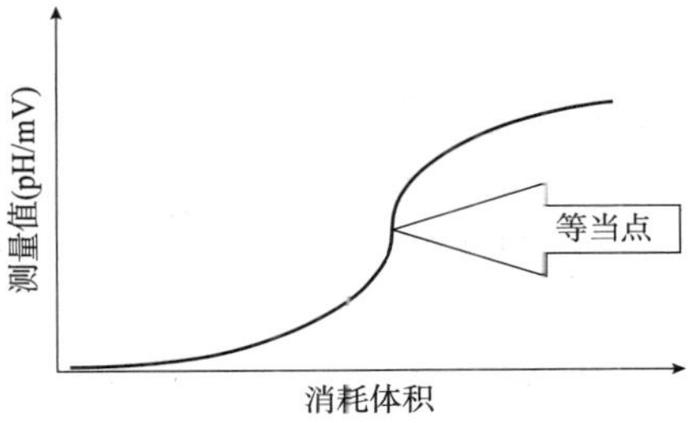

图3－2　DET动态滴定曲线示意

（2）MET 等量滴定。滴加的每一滴标准溶液的体积相同。MET 等量滴定模式适用于反应较为缓慢的滴定实验，如空白滴定实验，由于消耗的滴定液极其少量，为了得到较为理想的滴定曲线，都会使用等体积滴定模式，通过设定合适的实验条件（小量的体积滴加，合理的等待时间，合理的信号漂移），从而获得理想的滴定曲线数据。还有常见的非水相酸碱滴定也是多数采用 MET 等量滴定模式。MET 等量滴定曲线示意如图 3－3 所示。

（3）SET 设定终点滴定。通过设定反应终止的电位值或者反应终止的 pH 值来终止滴定过程。SET 设定终点滴定模式一般适用于提前获悉实验终止的条件（固定的电位值或者 pH 值）的滴定方法。SET 设定终点滴定曲线示意如图 3－4 所示。

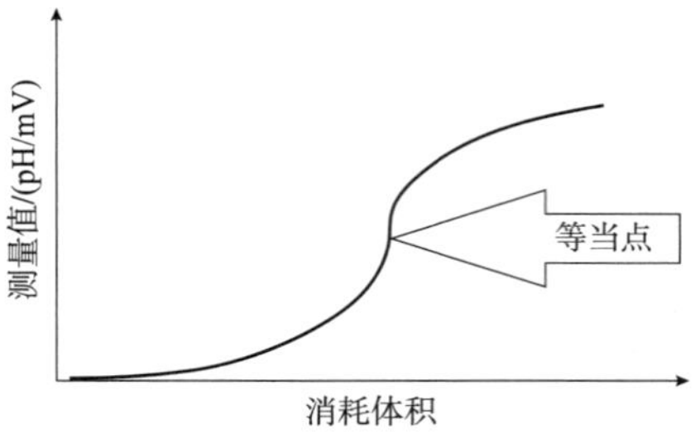

图 3－3　MET 等量滴定曲线示意

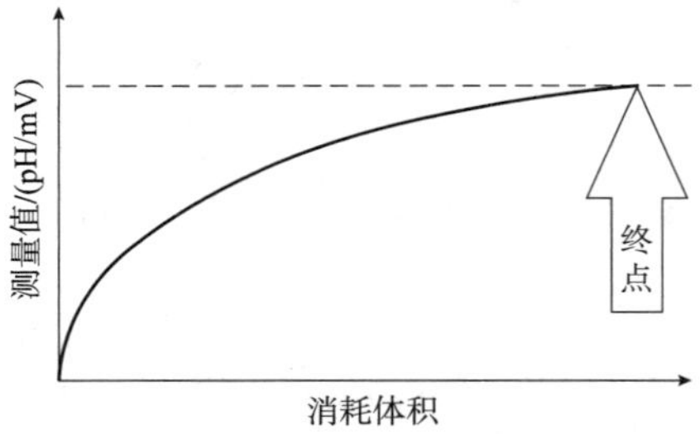

图 3－4　SET 设定终点滴定曲线示意

3.7.3　电位滴定法的使用

（1）将 pH 电极或 Pt 电极从浸泡在饱和 KCl 溶液中拿出，用蒸馏水清洗并且擦干净。

（2）打开主机电源和搅拌器电源，启动工作程序。

（3）在工作程序界面上点击“参数”进行设置，对于滴定情况自行安排设置，保存方法。

（4）将电极及滴定头置于待测溶液中，调取方法，按“开始”键进行滴定。

（5）仪器边滴定边在屏幕上绘制曲线，滴定结束后仪器自动求出终点体积、终点电位和待测液体的浓度。

（6）测量结束后，拿出电极清洗后保存在饱和 KCl 溶液中，关闭滴定仪和搅拌器关闭电源，结束操作。

3.7.4　电位滴定仪常见故障排除

电位滴定仪的故障现象、故障原因、排除方法见表 3－4。

表 3－4　电位滴定仪常见故障排除

故障现象	故障原因	排除方法
开机没有显示	1. 没有电源； 2. 保险丝损坏	1. 检查电源； 2. 更换同一型号保险丝
测量不正确	1. 电极性能不好； 2. 另一电极接口设置不正确	1. 更换好的电极； 2. 正确设置电极接口

续表

故障现象	故障原因	排除方法
pH值测量不正确	电极插口设置错误	设置正确的电极插口
预设终点找不到	1. 终点突跃太小； 2. 滴定剂或样品错误； 3. 终点体积较小； 4. 电极选择错误	1. 将突跃设置为"小"； 2. 更换滴定剂或正确取样； 3. 改用"空白滴定"模式； 4. 正确选择电极

思考与练习

1. 什么是分光光度法？
2. 分光光度法基本原理是什么，操作注意事项有哪些？
3. 简述气相色谱仪的组成。
4. 离子色谱仪工作原理是什么？
5. 电位滴定法测定酸碱滴定电极如何选择？
6. 电位滴定法测定氧化还原滴定一般选用什么作指示电极？

第 4 章　高含硫气田取样

在高含硫气田化验分析中，精准高效地取得有代表性的样品，是保证化验分析结果准确的基础。本章介绍了天然气采输与净化系统中的取样技术，包括取样方法、取样专业设备和人员的各项要求以及取样注意事项。

4.1　天然气采输系统取样

天然气采输系统取样，指的是集气站地面集输流程的流体取样工作。在普光气田，主要包括采气厂气井产出气、产出水的取样，以及水处理站和回注井的回注水取样。

4.1.1　取样方法

1)高含硫气田天然气取样

高含硫气田天然气取样采用充气排空法。该方法适用于样品容器温度等于或高于气源温度，气源压力大于大气压的情况，是最常用的天然气取样方法。充气排空法取样示意如图 4－1 所示。

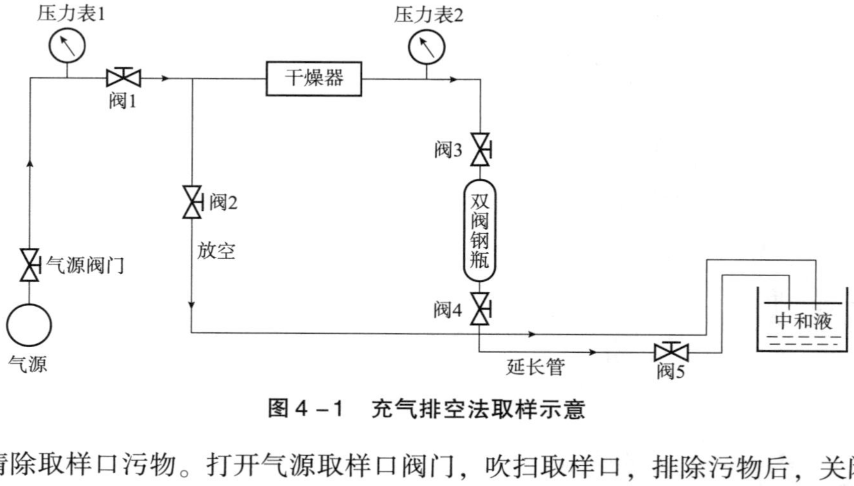

图 4－1　充气排空法取样示意

(1)清除取样口污物。打开气源取样口阀门，吹扫取样口，排除污物后，关闭阀门。

(2)连接取样工具。按图 4－1 依次连接取样阀、干燥器、样品容器等，放空管插入中和液，关闭所有阀门。

(3)吹扫放空管路。依次缓慢打开气源阀门、取样阀 1 和放空阀 2，调节流量对放空管路吹扫至少 1min，排出残余气。关闭放空阀 2。

(4)吹扫取样管路。打开样品容器进口阀3、出口阀4和延长管阀5，吹扫包括样品容器在内的取样管路。

(5)吹扫置换取样钢瓶。关闭阀5，观察压力表2，当取样导管内压力接近需求的样品压力时，迅速关闭样品容器进口阀3，再打开阀5，将容器放空至常压，并将尾气排至中和液。重复这一吹扫过程，重复次数见表4－1，应能有效置换容器内原有气体为准。

表4－1　吹扫次数要求

样品容器终压/MPa	吹扫次数/次
0.1～0.2	13
0.2～0.4	8
0.4～0.6	6
0.6～1.0	5
1.0～3.5	4
≥3.5	3

(6)取样。最后一次吹扫后，关闭阀5，调节阀1，对样品容器进行充气。观察压力表2，当取样导管内压力接近需求压力时，迅速关闭取样阀1，记录样品容器压力和气源温度，关闭阀4、阀3。

(7)放空余气。缓慢打开阀2放空，直至取样管路内气体全部排出，压力降至大气压。

(8)拆卸工具。取下样品容器，对样品容器验漏，合格后贴好标签，拆卸取样导管和接头。

2)高含硫气田液体取样

高含硫气田液体取样方法如图4－2所示。

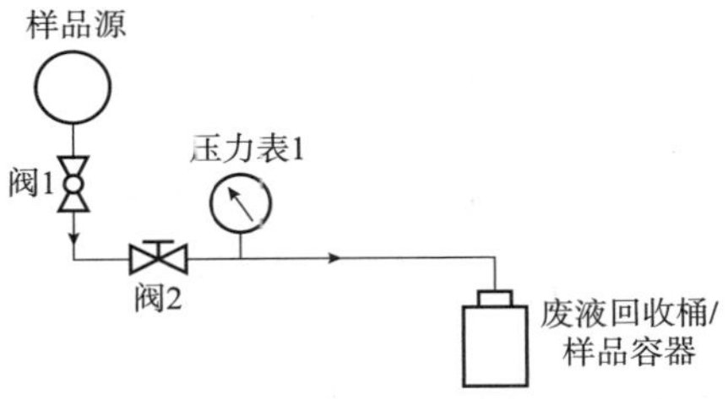

图4－2　高含硫化氢气井产出液取样示意

(1)连接流程。按照图4－2连接好取样阀和取样导管。阀1为球阀或截止阀，阀2为截止阀。

(2)中和取样部位积存酸气。确认取样导管出口浸入废液回收桶酸气中和液中，全开阀1，用阀2控制压力和流量，直至废液收集桶内中和液液面无气泡鼓出，并有液体流出。(当确定取样部位液体管线内无积存酸气，可省略此酸气中和步骤。)

(3)取样。用样品液冲洗取样导管3～5min，冲洗样品容器3次，然后取样。如需要分析样品中的有机组分，则不能冲洗容器，而应使用清洁干燥的样瓶。冲洗废液排放至废液桶中。

(4)清理。取样完成后，密封好样品容器，关闭阀2、阀1，排出导管内余液。

3)回注系统取样

回注系统的水样主要分为处理前水样和处理后水样。处理后水样不含 H_2S，但处理前水样含有 H_2S，取样位置在涉硫区域，需根据要求做好防护。

回注系统取样时由于取样管线压力较低，在现场流程相应取样口直接开阀门取样即可。取样容器采用干净的500mL聚乙烯取样瓶。

4.1.2 取样要求

(1)样品取样量的多少是由分析项目及分析项目的多少来决定的。气体取样一般取0.3~2L样品，液体取样一般取500~1000mL可满足大多数分析要求。若分析项目较多，可根据实际需要取样。

(2)气体取样样品容器容积为0.3~4L的钢瓶。取样和传输导管中与气体接触的所有部分均应无脂、无油、无霉或其他任何污染性物质。样品容器在每次采集样品前都应吹扫。取样后应对样品容器进行气密性检查，气密性检查方法是将装有样品的容器拧紧阀门，将装有阀门端浸入水中5min，没有气泡为合格。使用检验合格的气瓶作为样品容器，并定期检验，按《气瓶安全技术规程》(TSG 23—2021)相关规定，每两年检验一次。

(3)液体取样选用新的或清洗干净的塑料(聚乙烯或类似材料)或玻璃材质的取样瓶。依样品所分析项目的不同，所需样品容器的类型不同，样品容器应不与样品发生物理或化学反应，不改变样品的组成。

(4)用于高含硫样品取样的设备、取样导管、取样接头应使用316L或316SS材质，样品能接触到的所有表面宜使用聚四氟乙烯或环氧树脂涂层。

(5)取样阀选用截止阀，耐压等级应不小于取样口压力的1.5倍。用于含硫酸性液体取样的截止阀应选择316L、316SS钢材。

(6)含 H_2S 天然气取样应在取样管线中安装干燥器，内装干燥剂。干燥器的材料应选用不锈钢、聚四氟乙烯；干燥剂可用无水氯化钙($CaCl_2$)或硫酸钙($CaSO_4$)。每次取样前应清洁干燥器，更换干燥剂。

(7)取样过程需准备一个15~20L的废液桶，内装酸气中和液，取样时将导管尾端放入中和液中排出积存酸性气体。中和液可选用碱式碳酸锌溶液或浓度为10g/L的乙酸锌溶液。

(8)含 H_2S 产出气、产出水取样现场应配备强制通风设施，防止取样过程中含 H_2S 气体聚集。通风设备的防爆等级应与其安装位置的危险区域级别相适应。

(9)被取样的系统应当处于正常的流速、温度、压力条件下，除非取样目的是非正常条件下的分析，任何非正常条件的取样情况都应当在取样记录上注明。取样前应先排出取样口死水/死气并冲洗取样导管，以保证样品具有代表性。

(10)含 H_2S 产出气、产出液取样前，须与现场负责人确认，如取样点附近安装有具有逻辑联锁功能的固定式 H_2S 报警仪，需提前调整报警仪状态，以防含 H_2S 气体取样过程中因报警仪报警造成地面装备的联锁关断。取样完毕后及时告知以便现场负责人对报警仪状态进行恢复。

(11)取样完成后，应做好取样记录，并给样品贴上标签。标签内容至少包括样品名称、取样地点和取样部位、取样时间、取样人、生产条件等。

(12)取样人员需持证上岗。取样时，取样人员应不少于2人，其中含取样监护人1人。同时生产单位也应至少配备1人进行现场监护。所有现场人员按要求配备消(气)防设施和个人防护设备。

4.1.3　取样注意事项

高含硫采气集输系统的取样操作，大多处于涉硫区域，尤其是气井产出气和产出水取样，取样部位通常压力较高，取样过程中存在 H_2S 气体聚集、液体喷溅、取样管线憋压等风险，样品在转运、储存时也存在泄漏风险，须提前做好风险评估，制定消减措施。

(1)取样人员应对取样过程风险做出正确评估，并制定应急措施；当取样站场发生特殊情况时，按照生产单位统一指挥行动，并配合生产单位做好相应事故应急预案的演练。

(2)取样过程中，取样人员不得随意触动除取样口阀门外的其他站场设备；操作阀门时动作必须缓慢，切忌猛开猛关；放空气体时注意控制流量，避免中和液翻滚剧烈使 H_2S 气体逸出，中和液溅出中和桶。在压力较高且容易堵塞的取样部位取液样时，操作阀门要缓慢地小幅度开启和调节，如出现堵塞现象可通知站场人员，用蒸汽或热水喷淋方式为取样阀门、管线解堵，防止压力突然过大甩飞管线造成人员伤害。

(3)样品转运时，应根据样品容器配备专用运输箱或摆放架，保护样品容器不被挤压、损坏，运输箱应放置在通风处并固定，避免与人员处于同一密闭空间；运输过程中应防止气瓶的温度剧烈变化，避免造成超压或样品凝析；如发生含硫气体泄漏，需马上佩戴正压式空气呼吸器，对样品钢瓶阀门进行检查，判断泄漏原因，如阀门松动，需对阀门紧固，然后验漏，如阀门紧固后仍然泄漏，判断阀门内漏，此时需将钢瓶内的气体放空至乙酸锌中和液中中和处理，更换取样钢瓶重新取样。

(4)样品应存放在空气流通的储存室，室内保持通风，避免与人处于同一密闭空间；样品储存室内禁止明火，禁止使用非防爆电子产品及通信工具；应有监控报警设施及消防器材；应设有警示标志；样品摆放应有专用货架，避免挤压堆叠，以免损坏样瓶。

(5)已分析样品的残余废气应通过中和吸收等方式及时处理；取样过程中产生的废液、吸收取样尾气及样品残余废气产生的中和废液，应使用专用废液收集容器或排放装置收集，统一处理，禁止随意排放。

4.2　天然气净化系统取样

天然气净化系统取样主要有原料气、产品气、硫黄回收过程气、硫黄、净化水厂、循环水厂、空分空压、水处理和凝结水站、动力站水样、管道或工业设备中水样的取样；高温、高压装置或管道中水的取样；测定不稳定成分水样的取样；脱硫脱水液及酸碱罐车取样和润滑油取样等。

4.2.1 取样方法

1)原料气及产品气取样方法

采样介质用耐高压无缝钢瓶密闭收集，无缝钢瓶进出口两端用安全可靠的针形阀控制开启，配备安全可靠的快速接头，使安装与卸下采样钢瓶安全、方便、快捷。原料气及产品气取样流程如图4-3所示。

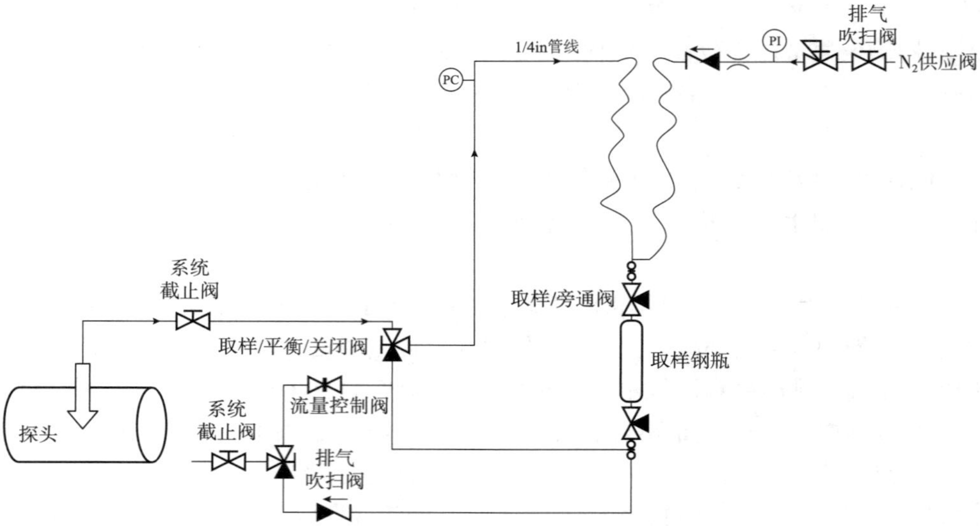

图4-3 原料气及产品气取样流程

(1)检查确认密闭取样器附件安装齐全、紧固。检查确认采样钢瓶完好，且在规定使用期限内。确认取样/平衡/关闭阀在关闭位置排气吹扫阀在排气位置，观察压力表指针回零。

(2)将取样钢瓶安装在钢瓶固定架上，连接取样钢瓶与快速接头，打开取样钢瓶两端阀门。

(3)将取样/平衡/关闭阀打开到取样位置，打开流量控制阀至理想的样品流量，将取样管线及钢瓶内的气体置换出去。

(4)保持置换状态大约3min，关闭流量控制阀，将取样/平衡/关闭阀打开到平衡位置，关闭采样钢瓶两端阀门。

(5)打开N_2供应阀，将排气吹扫阀打开到吹扫位置，用足够的时间吹扫采样系统的流程，一般约2min；将N_2供应阀打开到关闭状态；将排气吹扫阀开到排气位置，确认压力表压力降到0，将取样/平衡/关闭阀打开到关闭位置，移走取样钢瓶。

注意：检查确认各阀已关闭，现场无泄漏。

2)硫黄回收过程气取样方法

取样器的传动丝杆前后移动起到介质切断和流出的阀门作用，顺时针旋进传动丝杆关闭取样通道，逆时针旋进传动丝杆开启取样通道，保证了介质取样流动通道的畅通。

硫黄回收过程气取样流程如图4-4所示。

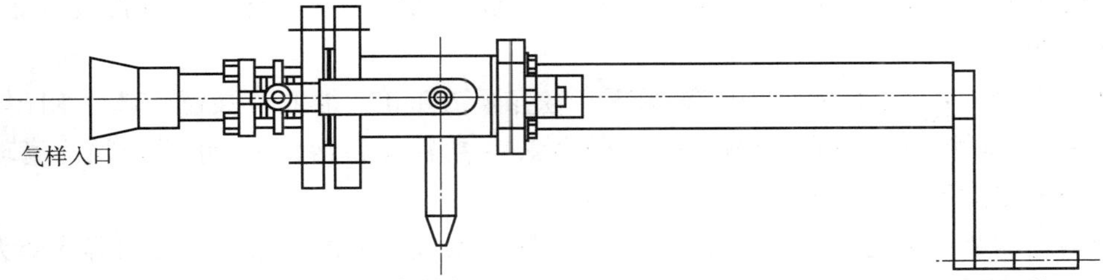

图4－4　硫黄回收过程气取样流程

(1)确认气体取样袋完好、取样袋上样品位号正确，取样器应急阀开启、阀杆旋转灵活、阀杆处于完全旋进的状态。

(2)通过逆时针旋转取样器手柄，排气30s后，顺时针旋进传动丝杆，停止排气。将锡箔取样袋与取样器气样出口连接，逆时针旋转手柄，调解气样出口流量，打开取样袋进、出口阀进行置换，用相当于采样管路和容器体积至少十倍以上的气体。置换完毕后依次关闭取样袋出口阀、进口阀，完全旋进取样器传动丝杆。将锡箔取样袋卸下后带回。

(3)采集的样品由取样人员在1h内移交给气体分析岗的样品接收人员，填写样品交接记录。

3)硫黄取样方法

(1)固体硫黄取样方法。

对于粒状、片状产品，用取样器插入0.3～0.5m的深处取样；对于块状产品，用手锤在不同部位敲取块径小于25mm的碎块；采得样品混合均匀后缩分成2kg的实验室样品。

(2)液体硫黄取样方法。

在槽车灌注或排出过程中取样，用自动或机械截流的方法，周期性采取点样。

在槽车或贮存容器中取样，以实装液体硫黄为基准，分别从上、中、下部位取样，等体积混合成平均样品。

上述两种取样方式每个点样都不少于0.2kg。将点样合并，混合。凝固后为实验室样品。如果实验室样品大于2kg，则粉碎成直径小于25mm的碎块，缩分成2kg为实验室样品。

4)水质取样

(1)净化水厂、循环水厂、空分空压、水处理和凝结水站、动力站水样的取样。

①采集水样前，先用所取的水样洗涤采样容器、盛样瓶及瓶塞三次(测含油量水样除外)。

②盛放水样的容器应使用瓶盖密封性良好的聚乙烯瓶或硬质玻璃瓶，取样体积1L或2L。

③样品采集后，应立即将瓶口封死，防止水样流失和杂质进入瓶中，并在采样完成后做好采样记录。

④测定浊度、色度、pH值、电导、悬浮物、碱度、酸度、F、Cl、Br、SO、PO_4^{3-}、NO_3^-－N、NO_2－N、阴离子表面活性剂等项目，采样容器为聚乙烯瓶。

⑤测定Cr^{6+}、氰化物、I^-、总氰时，采样容器为聚乙烯壶，加氢氧化钠调至pH≥9。

⑥测定重金属时，采样容器为聚乙烯壶，不加固定剂。

⑦测定油类的水样，应在水面至水面下300mm采集柱状水样，并单独玻璃瓶采样，全部用于测定。

⑧测定DO时，采样容器为溶解氧瓶，定容至250mL，加入硫酸锰、碱性KI(如水样中含有Fe干扰测定时，则加入硫酸锰、碱性KI－叠氮化钠溶液)。水样必须注满玻璃容器，上部不留空间，并由水封口。

⑨测定油类、生化需氧量、溶解氧、硫化物、余氯、细菌总数、大肠菌群、粪大肠菌群、悬浮物等项目要单独玻璃瓶采样。

⑩采样时，除细菌总数、大肠菌群、粪大肠菌群、油类、溶解氧、生化需氧量、有机物、余氯等有特殊要求的项目外，先用所采集的水样灌洗采样器与水样容器2～3次，然后再将水样采入容器中，并按要求立即加入相应的固定剂，贴好标签。

⑪污水样品采用玻璃瓶取样，有特殊要求项目应另单独取样，如污泥浓度、悬浮物、硫化物、BOD_5、挥发酚等。个别项目取样测定采用专用容器，如溶解氧、石油类等。深水池取样用金属取样器，且金属取样器的取样绳应能防静电。

(2)管道或工业设备中水样的取样。

①取样时，打开取样阀门，充分冲洗取样管道，必要时采用变流量冲洗。

②取样时将水样流速调至约700mL/min进行。

(3)高温、高压装置或管道中水的取样。高温、高压装置或管道中取样时，必须加装减压和冷却装置，保证水样温度不高于40℃。

(4)测定不稳定成分水样的取样。测定水样中不稳定成分时，应随取随测，如游离CO_2、溶解氧及温度测定等；或应将不稳定成分转化为稳定状态再测定，如细菌、挥发酚等。

(5)特殊分析项目的取样。

①测定水样中的有机物，水样采集应使用玻璃瓶，取样后应尽快测定，否则应将水样加入硫酸调节至$pH<2$保存。

②测定水样中的铜、铁、铝，在水样采集时应使用专用磨口玻璃瓶，并将其用盐酸(1+1)浸泡12h以上，再用一级试剂水充分洗净，然后向取样瓶内加入优级纯浓盐酸(每500mL水样加浓盐酸2mL)，直接采取水样，并立即将水样摇匀。

③测定水样中的联氨，水样采集应使用专用磨口玻璃瓶，每取100mL水样预先加入浓盐酸1mL，水样应充满取样瓶。

5)脱硫脱水液及酸碱罐车取样

(1)MDEA取样方法。

通常密闭取样器由采样钢瓶、针形阀、压力表、金属软管、快速接头、温度表组成，通过阀门的操作将在取样器内置换充分的MDEA样品注入不锈钢取样钢瓶中(图4－5)。

①确认密闭取样器附件安装齐全、紧固。确认取样钢瓶完好，且在规定使用期限内。确认取样箱内各阀门处于关闭位置。

②观察压力表指针归零，将取样钢瓶安装在钢瓶固定架上，连接取样钢瓶与快速接头。

③打开取样钢瓶两端阀门，打开冷却水进出口阀(如介质需冷却后取样)，打开MDEA入口阀，将取样管线及钢瓶内的液体置换出去，保持置换状态大约3min。

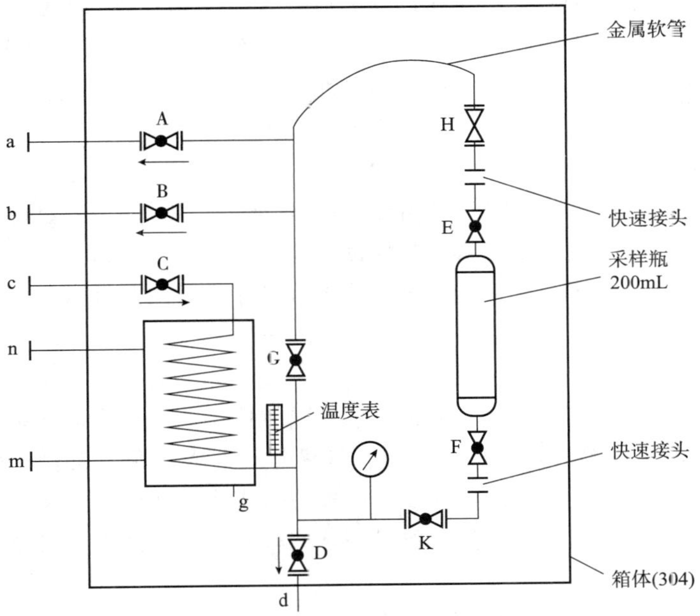

图 4－5　采样器工艺流程图

a—介质放空；b—介质出口；c—介质入口；d—排液口；m—冷却水入口；n—冷却水出口；g—放水口

④关闭 MDEA 出口阀，关闭 MDEA 入口阀。关闭取样钢瓶两端阀门。取下取样钢瓶。打开排液阀，排净残液后关闭，检查确认各阀已关闭，现场无泄漏。

(2) TEG 取样方法。

通常密闭取样器由采样钢瓶、针形阀、压力表、金属软管、快速接头、温度表组成，通过阀门的操作将在取样器内置换充分的 TEG 样品注入不锈钢取样钢瓶中(图 4－5)。

①确认密闭取样器附件安装齐全、紧固。确认取样钢瓶完好，且在规定使用期限内。确认取样箱内各阀门处于关闭位置。

②观察压力表指针归零，将取样钢瓶安装在钢瓶固定架上，连接取样钢瓶与快速接头。

③打开取样钢瓶两端阀门，打开冷却水进出口阀(如介质需冷却后取样)，打开 TEG 入口阀，将取样管线及钢瓶内的液体置换出去，保持置换状态大约 3min。

④关闭 TEG 出口阀，关闭 TEG 入口阀。关闭取样钢瓶两端阀门。取下取样钢瓶。打开排液阀，排净残液后关闭，检查确认各阀已关闭，现场无泄漏。

(3) 酸碱罐车取样。

对强酸强碱性药品进行取样时，为确保人身安全，特制定以下要求：

①取样前，取样人员应戴好耐酸碱手套和防护眼镜，并根据现场情况和药品的性质做好相应的安全措施。

②取样人员上罐车时，两手要抓牢爬梯，以防滑跌。

③取样人员在罐车顶部站稳后，车下取样人员将取样管递与车上取样人员，并将取样瓶及相关用品放于塑料桶内，由车上取样人员用绳子提到车顶。

④取样人员必须按规定进行取样，无关人员远离被取样车辆。

⑤对浓硫酸取样时，取样人员将所取样品放入500mL玻璃广口瓶中。取完样后，要立即将取样瓶盖好放入塑料桶中，用绳子将塑料桶放至车下，车下取样人员协助将样品放好并妥善保管。车上取样人员待取样管内药液滴净后递与车下取样人员，车下取样人员应戴好耐酸碱手套，站在取样管的一侧将取样管取下妥善放置。

⑥对强酸、强碱液进行取样时，车上取样人员所取样品先放入烧杯中，待取样完毕后，将所取样品倒入500mL塑料取样瓶中，并确认将瓶盖盖好。将取样瓶放入塑料桶中，用绳子将塑料桶放至车下，车下取样人员协助将样品放好并妥善保管。车上取样人员待取样管内药液滴净后递与车下取样人员，车下取样人员应戴好耐酸碱手套，站在取样管的一侧将取样管取下妥善放置。

6)润滑油取样

润滑油取样的常用方法有三种，分别是取样阀取样、测压接头取样和取样泵取样。

(1)取样阀取样。润滑油取样时，可以在油液运行管路的低压回路上安装球阀，然后开启球阀即可获得油液样品。在取样阀取样的操作过程中，要注意应先等油液完全冲刷过取样阀后再盛取样品油液，这样做的目的是清除取样阀死角处的杂质和上次操作的残余油液，确保取样的准确性。

(2)测压接头取样。润滑油取样的第二种方法，是采取测压接头来取样。测压接头的英文名称是Minimess，是多用于液压系统的一种特殊阀门，属于针阀种类。测压接头在安装到液压系统后，只要取消保护帽并打开阀门，即可获得油液样品。测压接头在操作时也要注意内部的杂质冲洗问题。

(3)取样泵取样。润滑油分析仪在用于分析油箱、发动机等设备时，取样的部位比较特殊，因此多使用取样泵进行取样。以取样泵取样的操作方法是，将取样瓶与取样泵相连旋紧，再将取样泵上的取样管深入油箱内部，取样泵启动后，在真空作用下油箱内的油液会流到取样瓶中，完成取样。

4.2.2 取样要求

(1)常规取样点必须挂标志牌，标识出介质、温度、压力、危险性或毒害性、应急处理等，并列入日常管理。

(2)取样人员必须持证上岗，进入涉硫区域及未知区域作业之前，应佩戴正压式空气呼吸器，佩带并使用便携式H_2S监测仪。取样人员在取样前应仔细检查管线、阀门是否泄漏，现场条件不具备不能采样。在取样点存在安全隐患且不能保证人身安全的情况下，在取样作业监护人员不到位的情况下，取样人员有权拒绝作业。取样人员除了操作取样箱内阀门外，不得擅动与取样无关的设备、阀门等。取样点或其周围出现突发情况时，取样人应尽可能关闭取样阀门，并迅速撤离取样现场。

(3)取样应严格执行操作规程。取样经过酸、碱、氨管线下面，如发现滴漏时，不得抬头仰望，不得在运行的设备上通行。带压设备、容器、管道取样时，应站在阀门的侧面和上风向。有毒、有腐蚀、有刺激样品取样前，应了解取样装置的分布地点及样品危害性。禁止进入未经处理的工艺设备管道容器内取样。取样区域挂有/拉有不准进入的安全警示牌/警戒带时，不得擅自进入。

(4)废样处理时，取样钢瓶内残留的废气或废液应妥善保管，由取样人员在下次取样时带回装置取样点，安装在取样器上，循环回装置流程内；胺液残留样品由取样人员倒回装置或罐区的残液回收桶；润滑油残留样品应收集到废油桶内，定期回收至润滑油站废油桶；酸碱样品化验分析后的残留废液，在经中和后，方可排入下水道。

4.2.3 取样注意事项

(1)气体取样时，应检查取样钢瓶是否安装牢固，接头处有无泄漏；样品置换时间一般要求在2～3min，视取样管线的长度而定；N_2吹扫时间视样品的组分而定，如H_2S含量较高(如原料天然气)，可适当延长吹扫时间至3min，如样品中的H_2S含量较低(如产品气等)，可缩短至1min以内；低压气体如用锡箔取样袋取样，则需将取样袋置换至少3次。

(2)液体硫黄取样时，管线内的液硫必须处于流动状态，应随时掌握流速，同时防止液体飞溅；固体硫黄取样时，必须使用专用工具。

(3)水质取样时，应粘贴标签，注明水样名称、取样方法、取样地点、气候条件、取样人姓名、时间、温度及其他注意事项，若采集供现场控制实验的水样时，应使用明显标记的固定取样瓶。

(4)采取蒸汽时，新投入的取样器(包括新安装或检修后投入使用)，应充分地冲洗取样装置，通入蒸汽或凝结水，冲洗24h后才能取样；蒸汽取样阀门应常开，使蒸汽凝结水不断流出。为减少汽水损失，可将流出的凝结水回收；蒸汽试样流量通常为0.4～0.5kg/min。根据实验要求和冷却水流量可适当调节；蒸汽试样容器应使用硬质玻璃(硅硼玻璃)制造。使用之前应清洗干净；取样后应当尽快分析。

(5)对强酸、强碱进行取样时，应佩戴好耐酸碱手套防止人员皮肤烧伤，碱液须采用塑料瓶进行取样。

(6)润滑油从油箱中取样时，取样管吸口应处于油箱高度一半略下，同时避免触及油箱底部。定期取样时，取样频率要适当。如果取样间隔太长，可能错过故障潜在点从而使设备出现严重损坏；取样设备(装置)最好处于稳定运行状态中。

思考与练习

1. 对于含硫气、液取样工具材质如何选择？
2. 如何配制含硫天然气取样中和液？
3. 含硫废气、废液应如何处理？
4. 简述原料气取样采样方法。
5. 简述密闭采样器操作步骤。
6. 简述液体硫黄取样方法及注意事项。
7. 简述涉硫取样安全要求。
8. 如何才能确保固体硫黄取样的代表性？
9. 简述三条废液处理要求。

第 5 章　气田采输系统化验分析

在气田开发生产过程中，化验分析是实时跟踪气井流体性质变化的重要手段。同时可以优化生产策略，提升经济效能，为生产管理提供科学依据；对于预防和控制管线、设备腐蚀也起到重要作用。普光气田采输系统主要分析项目有含硫天然气组分分析、产出水离子分析、回注水水质分析、润滑油质量监测和挂片腐蚀分析，这些综合性化验分析项目是实现普光气田高质量可持续发展的重要保证。

5.1　含硫产出天然气分析

5.1.1　含硫产出天然气分析方法

高含硫气井产出天然气分析任务主要包括 H_2S 含量的现场滴定和气相色谱仪分析。两部分的数据结合，最终得出气样组分数据及 H_2S 的相关指标(图 5－1)。

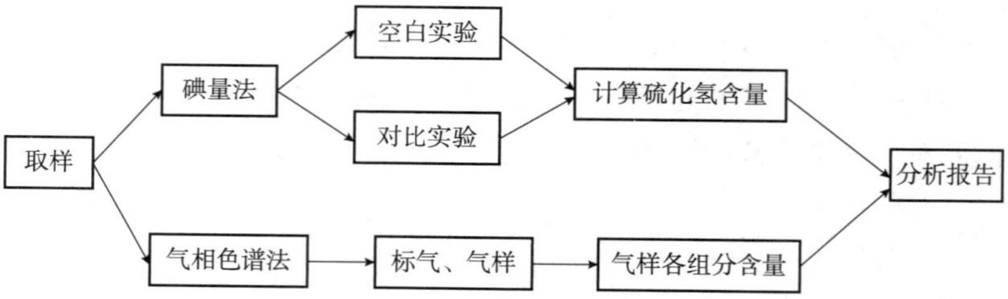

图 5－1　含硫天然气分析流程

5.1.2　碘量法分析天然气中 H_2S 含量

1)实验原理

取定量含有 H_2S 的天然气样品，将其注入放有乙酸锌[$Zn(CH_3COO)_2$]溶液的吸收瓶内。H_2S 与乙酸锌反应，生产硫化锌(ZnS)沉淀。在酸性溶液中，硫化锌与加入的碘(I_2)反应，过量的碘再用硫代硫酸钠($Na_2S_2O_3$)标准溶液滴定。用相同步骤做空白实验，根据样品气实验和空白实验中标准溶液消耗量的差值可计算出样品气中 H_2S 含量。

$$H_2S + Zn(CH_3COO)_2 \xlongequal{\quad} 2CH_3COOH + ZnS\downarrow$$

$$ZnS + 2CH_3COOH + I_2 \xlongequal{\quad} Zn(CH_3COO)_2 + 2HI + S$$

$$I_2 + 2Na_2S_2O_3 \xlongequal{\quad} 2NaI + Na_2S_4O_6$$

2）实验药剂及器具

（1）实验药品：5g/L 乙酸锌 500mL，2.5g/L 碘液 100mL，$Na_2S_2O_3$ 标准溶液 100mL，淀粉指示剂 50mL，盐酸（1+11）50mL，固体乙酸锌 1 瓶。

（2）器具：滴定管架 1 个、25mL 棕色酸式滴定管 2 支、10mL 分度吸量管 2 支、100mL 和 50mL 玻璃管注射器各 1 支、注射针头、大气压表 1 块、温湿度表 1 块、计算器 1 个、4mm×6mm 乳胶管、150mL 锥形瓶 5 个、250mL 锥形瓶 1 个、带玻璃弯管的封口塞 4 个。

（3）气防器具：便携式 H_2S 检测仪 2 台、正压式空气呼吸器 2 套、防毒半面罩 2 个、防爆排风扇 1 台。

3）实验过程

（1）用 $Na_2S_2O_3$ 标准溶液清洗滴定管 2～3 次后将滴定管装满待用。将碘液摇匀，用分度吸量管吸取适量碘液润洗 2～3 次。

（2）将乙酸锌溶液倒入 150mL 锥形瓶内，用带玻璃弯管的胶塞将锥形瓶盖严，用乳胶管将玻璃弯管瓶外出口端堵上，用玻璃注射器或真空泵对锥形瓶内进行抽真空，直至乳胶管呈真空状态（图 5－2）。

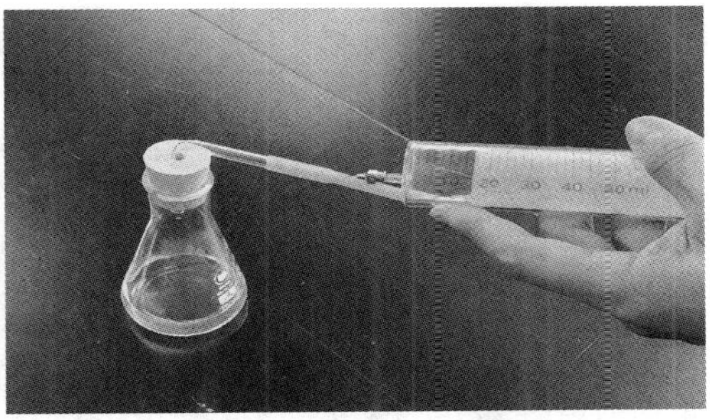

图 5－2　用注射器对锥形瓶抽真空示意

（3）做空白实验。取一个 150mL 锥形瓶倒入 50mL 的 5g/L 乙酸锌溶液。用分度吸量管吸取 10mL 碘液，全部注入锥形瓶内，再用分度吸量管吸取 10mL 盐酸（1+11），全部注入锥形瓶内。用 $Na_2S_2O_3$ 标准溶液滴定至淡黄色，加入 2～3mL 淀粉指示剂，变蓝后继续滴定至无色透明，用蒸馏水冲洗瓶口。记录所用 $Na_2S_2O_3$ 标准溶液体积 V_1。

（4）取一个 250mL 锥形瓶，装入过量固体乙酸锌，用蒸馏水稀释。取约 5m 长的乳胶管，一头连接到样品气样瓶出口接头上，用捆扎带固定，另外一头插入装有吸收液的锥形瓶中。

（5）在上风口放置并开启排风扇。缓慢拧开气样瓶阀门，观察乳胶管末端尾气吸收瓶内气泡连续冒出后，将玻璃注射器针头刺入乳胶管内，让乳胶管内气体压力将注射器芯子推到所需取样刻度以上，冲洗注射器 4～5 次。再次用乳胶管内气体压力将注射器芯子推到所需取样的刻度 V（取样量参考表 5－1），抽出注射器针头，将样品气缓缓注入已抽真空的装有乙酸锌溶液的 150mL 样品吸收瓶。记录大气压力 P、环境温度 T。

由于气样中高含 H_2S，取样时应在室外上风向处，如在室内，必须保证通风良好，最好在通风橱内进行，如图 5－3 所示。

（6）摇动吸收瓶 2～3min，注入少量空气，再摇动 1min，使气样中的 H_2S 被充分吸收，取下胶塞准备滴定。

（7）用分度吸量管吸取 10mL 碘液，全部注入锥形瓶内，再用分度吸量管吸取 10mL 盐酸（1+11），全部注入锥形瓶内。摇匀，并用少量蒸馏水清洗瓶口与胶塞、弯管。待反应 2～3min 后，用 $Na_2S_2O_3$ 标准溶液滴定至淡黄色，加入 2～3mL 淀粉指示剂，溶液变蓝，继续滴定至无色透明，用蒸馏水冲洗瓶壁。记录所用 $Na_2S_2O_3$ 标准溶液体积 V_2。

（8）重复第（5）～（7）步，做平行实验。

表 5－1　实验用量选择表

预计的 H_2S 含量（体积分数 φ）/%	试样用量/mL
$0.02<\varphi\leq0.1$	2500
$0.1<\varphi\leq0.2$	1000
$0.2<\varphi\leq0.5$	500
$0.5<\varphi\leq1$	250
$1<\varphi\leq2$	100
$2<\varphi\leq5$	50
$5<\varphi\leq10$	20
$10<\varphi\leq20$	10
$20<\varphi\leq50$	5
$\varphi>50$	2

图 5－3　取样示意

4）计算

（1）计算 H_2S 质量浓度 ρ 和体积分数 φ：

$$V_n = V\frac{P}{101.3}\frac{293.2}{273.2+T} \tag{5-1}$$

$$\rho = \frac{17.04c(V_1-V_2)}{V_n}\times10^3 \tag{5-2}$$

$$\varphi = \frac{11.88c(V_1-V_2)}{V_n}\times100 \tag{5-3}$$

式中　V_n——气体校正体积，mL；

V——所取气体体积，mL；

V_1——空白实验消耗 $Na_2S_2O_3$ 标准溶液体积，mL；

V_2——样品气实验消耗 $Na_2S_2O_3$ 标准溶液体积，mL；

P——取样点大气压力，kPa；

T——取样点环境温度，℃；

c——$Na_2S_2O_3$ 标准溶液的浓度，mol/L；

ρ——H_2S 质量浓度，g/m³；

φ——H_2S 体积分数，%。

取2个平行测定结果的算术平均值作为分析结果，所得结果不小于1%或10mg/m³时保留三位有效数字，小于1%或10mg/m³时保留两位有效数字。

(2)精密度要求。

在重复性条件下获得的2次测量结果的差值不超过表5－2给出的重复性限，超过重复性限的情况不超过5%。

表5－2 重复性限

H_2S 浓度		重复性限（较小测得值的）/%
体积分数(φ)/%	质量浓度(ρ)/(mg/m³)	
$0.01<\varphi\leq0.1$	$143<\rho\leq1430$	6
$0.1<\varphi\leq0.5$	$1430<\rho\leq7170$	45
$0.5<\varphi\leq50$	$7170<\rho\leq717000$	3
$\varphi>50$	$\rho>717000$	2

5)注意事项

(1)确认操作环境安全、通风，检测人员劳保防护穿戴整齐，操作过程中佩带便携式硫化氢检测仪。

(2)每次滴定前确认滴定管内液体在零位，并抹去滴定管管口的液体。

(3)缓慢拧开气样瓶阀，尾气吸收瓶内气泡需呈连续状。

(4)滴定应在无日光直射环境中进行。

(5)本实验过程适用于高含硫气田天然气中 H_2S 含量高于0.5%的测定。

5.1.3 气相色谱法分析天然气组分

1)实验原理

具有代表性的天然气样品和已知组成的标准混合气，在同样的操作条件下，用气相色谱法进行分离。由标准气的组成值，通过对比峰高、峰面积或者两者均对比，计算获得气样的相应组成。

2)实验仪器

实验仪器采用气相色谱仪，技术要求具体如下。

(1)色谱性能。

①重现性。保留时间重现性<0.008%或<0.0008min，峰面积重现性<1%RSD。

②载气流量控制精度。压力控制精度≤0.001psi，若采用kPa单位则≤0.001kPa。

③三通道。三通道同时运行，一次进样完成全组分分析。

④分析周期。全组分分析时间小于10min。

(2)气路系统。

整套设备全部采用电子流量控制系统控制载气流量、检测器气体流量，在分析过程中气体流量始终保持恒定，其变化在1%以内。此外，采用惰性化管路，耐 H_2S 腐蚀。

(3)进样系统。

进样系统包括三个进样通路：1 个毛细管柱进样口、1 个填充柱进样口和 1 个气体进样阀。

①分流/不分流毛细管柱进样口(不锈钢材料)：

a. 电子流量或压力控制；

b. 最高设定温度不低于 400℃；

c. 压力设定范围 0～150psi；

d. 最大总流量不低于 500mL/min；

e. 自动调整分流比，最大分流比不低于 7000：1。

②填充柱进样口：

a. 电子流量或压力控制；

b. 最高设定温度不低于 400℃；

c. 压力设定范围 0～150psi；

d. 最大总流量不低于 500mL/min。

③气体进样阀：自动气体进样阀，采用惰性化处理工艺。

(4)分离系统。

①分离系统采用四阀六柱系统，三条独立分析通道。

②毛细柱色谱柱：能够完全分离气样中烃类化合物。分析所得谱图峰形对称，其中乙烷和丙烷的分离度必须大于或等于 1.5。各组分的峰返回基线的程度在满标量的 1%以内。

③不锈钢填充柱：能够完全分离气样中 O_2、N_2、He、CO_2、H_2。分析所得谱图峰形对称，不同组分彼此的分离度必须大于或等于 1.5，各组分的峰返回基线的程度在满标量的 1%以内。

④阀系统及色谱柱的材料必须对样品中的组分呈惰性和无吸附性。

⑤一次分析过程在 30min 内完成。

⑥电子流量独立控制每个通道色谱柱的流量。

(5)检测系统。

检测系统包括两个检测器：TCD + FID。

①热导检测器(TCD)：

a. 具有电子流量/压力控制；

b. 最高温度不低于 400℃；

c. 最小检测限不高于 300pg/mL(C_4)；

d. 线性动态范围不低于 10^5。

②氢火焰离子化检测器(FID)：

a. 具有电子流量/压力控制；

b. 最高温度不低于 400℃；

c. 最低检测限 <2pgC/s；

d. 线性动态范围不低于 10^7；

e. 具有灭火自动检测和自动重新点火功能。

(6)柱温箱系统。

①体积不小于15dm³。

②柱温箱具有程序升温功能，最高程序升温速率在全量程范围内不低于50℃/min。

③温度平台不低于20/21(阶/平台)。

④柱箱温度范围需满足室温(5～400)℃±0.1℃，柱箱在恒温操作时使色谱柱温度保持恒定，其变化在0.3℃以内。

⑤降温速度：柱箱温度从400℃降至50℃，少于5min。

⑥有柱温过热保护。

3)实验过程

(1)准备待测气体、载气、助燃气、燃烧气，及便携式 H_2S 检测仪2只，正压式空气呼吸器2套。

(2)缓慢开启气瓶间气瓶总阀、供气管线总阀，观察一级减压阀压力范围：

①将作为载气的He钢瓶的输出压力设定至0.8MPa。

②将作为载气的 N_2 钢瓶的输出压力设定至0.7MPa。

③将作为助燃气的空气钢瓶的输出压力设定至0.7MPa。

④将作为燃烧气的 H_2 钢瓶的输出压力设定至0.6MPa。

(3)缓慢开启室内二级减压阀前球阀至全开状态，观察二级减压阀压力范围：

①将作为载气的He钢瓶的输出压力设定至0.6MPa。

②将作为载气的 N_2 钢瓶的输出压力设定至0.5MPa。

③将作为助燃气的空气钢瓶的输出压力设定至0.5MPa。

④将作为燃烧气的 H_2 钢瓶的输出压力设定至0.4MPa。

(4)缓慢开启供气管线末端的角阀。

(5)仪器操作。

①布鲁克450GC气相色谱仪操作方法。

a. 启动系统。

打开气相色谱仪电源后，开启计算机，点选桌面上的“Galaxie”图标。在User identification处输入用户名，选择所属的Group、Project，在Key in password框输入密码，点击“OK”。进入工作站软件后，点击左下方的“System”选项页。在左侧选项栏中勾选需要联机的主机“450GC”，使主机与工作站联机。

至“Data”选项页，点击“文件”→“打开”→“打开方法”，选择“Start. METH”开机方法，点击“打开”，在选界面左方点选“控制”，右方点选“Overview”→“”按钮，即将Method传至GC。此时选择“System”选项卡可观察目前仪器各项参数的状态，选择“Not Ready”可观察目前还有哪些参数未达到设定值。至“系统”选项页观察各项参数状态，当各项参数达到“Ready”状态，且基线平稳后，系统启动完成。

b. 分析样品。

点击“文件”→“打开”→“打开方法”，选择“standard. METH”分析方法，点击“打开”，在选界面左方点选“控制”，右方点选“Overview”→“”按钮，即将Method传至GC。

至“系统”选项页观察各项参数状态，当各项参数达到“Ready”状态，点击“文件”→“打开”→“打开序列Run. SEQU”，修改样品名称，添加描述，点击序列上方“开始”按钮。

至“系统”选项页，待监控界面下方出现 waitting for injection，即可进样分析。

将样品气瓶用不锈钢进样管线连接到仪器进样口，打开气瓶阀，控制好流量，用样品冲洗定量管，30s 后关闭气瓶阀。待尾气吸收瓶内冒最后一个气泡的同时，按下仪器上的开始键，仪器即自动进行分析。

分析结束(或人为中止分析)，工作站自动显示图谱、数据，或点击“文件”→“打开”→“打开色谱图”，选择自动以当天日期为名的文件夹，选择建序列时输入的名称，找到需要的色谱图，观察有无异常。如无异常，打印原始记录。

c. 关机。

点击“文件”→“打开”→“打开方法”，选择“shutdown. METH”关机方法，点击“打开”，在选界面左方点选“控制”，右方点选“Overview”→“”按钮，即将 Method 传至 GC。至“系统”页面观察各项参数状态，待所有参数条件到达设定值(TCD 检测器温度降至 80℃以下)，关闭工作站，关闭 GC 电源。

d. 烘机保养。

在正常开机后，点击“文件”→“打开”→“打开方法”，选择“bakeout. METH”烘机方法，点击“打开”。在界面左方点选“控制”，右方点选“Overview”→“”按钮，即将 Method 传至 GC。

至“系统”页面观察各项参数状态，待所有参数条件到达设定值，按下仪器上的开始键，仪器即自动运行烘机方法，烘烤色谱柱，进行保养。

②岛津 2030GC 气相色谱仪操作方法。

a. 开启系统。

打开气相色谱仪电源后，开启计算机，点选桌面上“labsolutions”图标。在 labsolutions 处输入用户名 ID，点击“OK”，点击确认。进入工作站软件后，点击左上方的“仪器”选项页，在右侧选项栏中勾选需要联机的主机“USER－PC”，使主机与工作站联机。

打开左上方“打开方法文件”选项页，点击“天然气分析方法”并打开，下载“天然气分析方法”并点击开始。观察参数项目标准，待仪器准备就绪，即可进行样品分析。

b. 分析样品。

点击“单次分析”，填写数据采集信息并点击确认。

打开气瓶阀，控制好流量，用样品冲洗定量管，30s 后关闭气瓶阀。待仪器尾气吸收瓶内冒最后一个气泡的同时，按下仪器上的开始键，仪器即自动进行分析。

分析结束(或人为中止分析)，工作站自动显示图谱、数据，观察有无异常。如无异常，点击数据处理选项页中的“报告”，将左侧的数据文件拖入右侧报告格式窗口，点击左上方“开始”中的“PDF 输出”保存原始记录，并打印原始记录。

c. 关机。

选择左侧“停止 GC”选项。至项目参数标准页面观察各项参数状态，待所有参数条件达到设定值(色谱柱温度降至 40℃以下)，关闭工作站，关闭 GC 电源，关闭各气路气源。

d. 烘机保养。

开左上方“打开方法文件”选项页，点击“老化烘机方法”并打开，下载“老化烘机”并点击开始。至“参数项目标准”观察各项参数状态，仪器即自动运行烘机方法，烘烤色谱柱进行保养。

(6)关气。

仪器关闭后，依次关闭室内供气管线末端角阀、二级减压阀前的球阀、气瓶间供气管线总阀和气瓶总阀。

(7)仪器重复性检查。

仪器每次关机后再开机，需要两次或两次以上连续进标准气检查，每个组分响应值相差必须在1%以内。在操作条件不变的前提下，无论是连续两次进样，还是最后一次与以前某一次进样，只要每个组分相差在1%以内，都可作为随后气样分析的标准。

4)注意事项

(1)先通气，后开机，先关机，后关气。

(2)为减少进样系统污染，进样前要用空气或样品气连续吹扫进样系统。

(3)色谱柱温度降至40℃以下或TCD检测器温度降至80℃以下后方可关主机电源。

(4)当FID自动点火失败，检查空气、H_2流量是否正常，若正常，可用手动实现点火。

(5)进样要在通风橱内进行，避免有毒气体泄漏造成人员伤害，当样品为含H_2S气体时，操作人员需佩戴正压式空气呼吸器进样。

(6)经常检查各气路是否有漏气现象发生，确保气路正常。

(7)为减少样品中重组分对色谱柱的污染，每周可对仪器进行一次烘机保养，不常开机使用的仪器每月至少开机保养一次。

(8)每次开机使用要先用标准气对系统进行比对检查，确保系统工作性能良好。

(9)气体自气源进入气相色谱仪前需通过干燥的净化管，管中活性炭、硅胶、分子筛应定期进行更换或烘干，以保证气体的纯度满足检测器的要求。

(10)当电路系统发生故障时，应及时与仪器供应商联系进行维修，不可自行拆卸机器。

5.2 含硫气田产出水

矿化度(TDS)指水中溶解组分的总量，包括溶解于地下水中碳酸根(CO_3^{2-})、碳酸氢根(HCO_3^-)、氯离子(Cl^-)、硫酸根离子(SO_4^{2-})、钙离子(Ca^{2+})、镁离子(Mg^{2+})和钾钠离子($K^+ + Na^+$)，但不包括悬浮物和溶解气体。地层水中含有大量的阴阳离子，根据离子的类型及含量多少可以得出地层水的矿化度以及硬度。

水质分析包括油气田产出水和回注水分析。其中产出水主要是气井水和套管水。产出水、套管水主要分析项目为pH、Cl^-、CO_3^{2-}、HCO_3^-、OH^-、SO_4^{2-}、Ca^{2+}、Mg^{2+}、铁、锰等离子浓度测定。回注水分析包括含氧、含硫、含油、悬浮物测定、粒径中值、总铁含量、细菌含量。

5.2.1 样品保存

样品取回后，最理想的情况是对样品即时进行分析；其次为将样品在低温(4℃)条件下保存不超过24h。根据检测需要对样品进行低温保存。保存技术最多只能延缓取样后样品中的化学和生物变化。而且，几乎所有的防腐剂对一些分析都存在干扰，因此一个样品一般不能适用于所有的分析项目。

油田水的某些性质和成分不好保存或不易保存，应及时进行现场分析。

如果单独取样进行水中的有机组分分析，那么在取样前不能用产出液冲洗或灌洗取样瓶，如果这样做会使油在瓶壁上沉积，导致人为有机组分分析值偏高。

若样品中 H_2S 含量很高，应放入通风柜中保存，抽风机应带有空间除硫装置，以免 H_2S 排放到空气中污染环境。同时样品存储间应放有 H_2S 检测装置，便于随时观测室内 H_2S 浓度，避免造成人员伤害。

表 5－3 列出了对运送到实验室进行后期分析的样品存放要求。

表 5－3　特殊取样及存放要求

分析	容器	最小样品量/mL	保存要求	最长存放时间(推荐)
碱度	G. P	200	冷藏	24h
氨	G. P	200	冷藏，加 HCl 调至 pH <2	7d
重碳酸盐	G. P	200	冷藏	24h
氯化物	G. P	500	无要求	28d
溶解金属	G(A). P(A)	500	立即过滤，加硝酸调至 pH <2	6 个月
电导率	G. P	500	冷藏	28d
硝酸盐	G. P	100	尽快分析或冷藏	48h
pH 值	G. P		立即分析	2h
硫酸盐	G. P	200	冷藏	28d
硫化物	G. P	100	冷藏，每 100mL 加 4 滴 2mol/L 醋酸锌	28d
悬浮总固体	G. P	500	冷藏	7d
电阻率	G. P	500	冷藏	28d
溶解氧	G	300	立即分析	0. 5h

注：①冷藏表示在 4℃左右保存，背光。

②P 表示塑料(聚乙烯或类似材料)，G 表示玻璃，P(A)、G(A)均表示用 1mol/L 的硝酸溶液清洗。

③溶解的金属包括：铝、钡、钙、铁、锂、镁、钾、钠、锶。

5. 2. 2　样品处理

若水样具有高含硫、杂质多等特点，会影响后续分析。为提高测定精度，在项目分析前要对水样进行处理，除去杂质和干扰项。去除杂质可采用过滤法。当 H_2S 含量高且对氯离子含量分析产生干扰时，去除 H_2S 可在水样中加数滴硝酸溶液煮沸，其原理是将水样中的硫化物转变 H_2S 加热溢出，以消除干扰。

5. 2. 3　pH 值测定

1)实验原理

电位分析法是根据测量化学原电池的电极电位 E，用能斯特方程求得溶液中待测离子的浓度。所谓化学原电池是一种借助氧化还原反应将化学能转变为电能的装置，由正负两个电极组成，中间由 KCl 盐桥沟通电路，当用导线将原电池的两极连接起来时，便产生了电流，通过测量两电极之间的电极电位，代入能斯特方程式，即可求得溶液中氢离子浓度。

2) 实验仪器

PHS－3D 型 pH 计示意如图 5－4 所示。

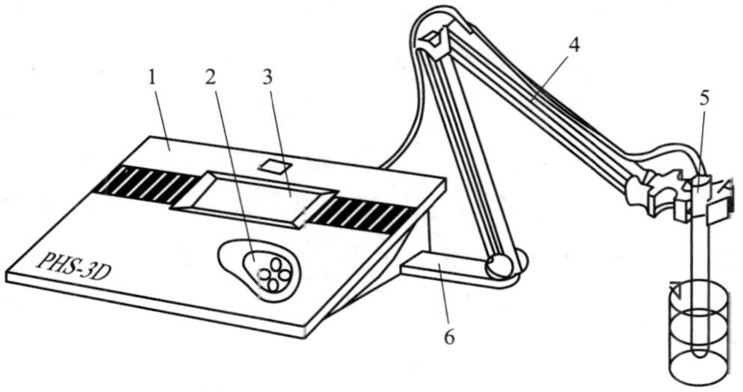

图 5－4　PHS－3D 型 pH 计示意

1—机箱；2—键盘；3—显示屏；4—多功能电极架；
5—电极；6—多功能电极架固定座

3) 实验过程

PHS－3D 型 pH 计操作流程见图 5－5。

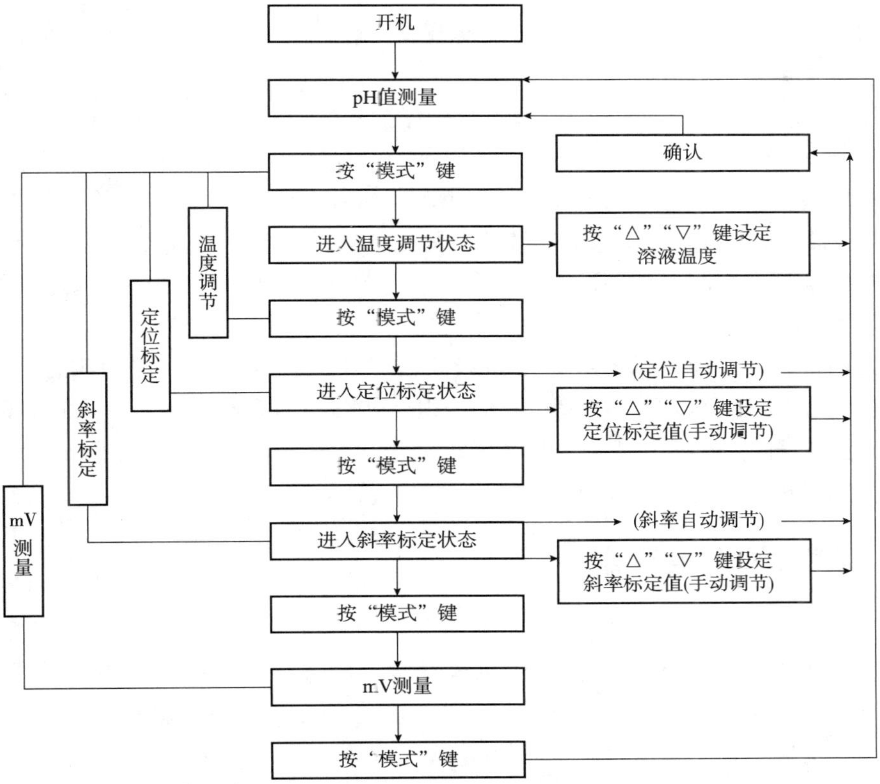

图 5－5　PHS－3D 型 pH 计操作流程

(1)标准缓冲溶液定位校准。

①在测量电极插座处拔掉短路插头，插入复合电极。

②打开电源开关，仪器进入 pH 值测量状态。

③按“模式”键一次，使仪器进入溶液温度显示状态(此时温度单位℃指示灯闪亮)，按“△”键或“▽”键调节温度显示数值上升或下降，使温度显示值和溶液温度一致，然后按“确认”键，仪器确认溶液温度值后回到 pH 值。

④把清洗过的电极插入 pH =6.86(或 pH =4.0 或 pH =9.18)的标准缓冲液中，待读数稳定后按“模式”键两次(此时 pH 指示值全部锁定，液晶显示器下方显示“定位”，表示仪器在定位状态)，然后按“确认”键，仪器显示该温度下标准缓冲液的标称值。

⑤把清洗过的电极插入 pH =4.0(或 pH =9.18；或 pH =6.86)的标准缓冲液中，待读数稳定后按“模式”键三次(此时 pH 指示值全部锁定，液晶显示器下方显示“斜率”，表示仪器在斜率测定状态)，然后按“确认”键，仪器显示该温度下标准缓冲液的标称值，仪器自动进入 pH 值测量状态。

⑥用蒸馏水及被测溶液清洗电极后即可对被测溶液进行测量。

(2)测量 pH 值。

根据被测溶液与标定溶液温度是否相同，选择相应的测量步骤。

被测溶液与标定溶液温度相同时，步骤如下：用蒸馏水清洗电极头部，再用被测溶液清洗一次。把电极浸入被测溶液中，用玻璃棒搅拌溶液，使其均匀，在显示屏上读出溶液的 pH 值。

被测溶液与标定溶液温度不同时，温度调节一致。

(3)测量结束。

用蒸馏水或去离子水清洗电极，套上电极保护套(内放少量的外参比补充液)。

4)注意事项

(1)在电极测量前和长时间使用后必须用已知 pH 值的标准缓冲液进行定位校准，其 pH 值越接近被测 pH 值越好。电极连续使用情况下每天进行一次。

(2)在每次校准、测量后进行下一次操作前，应该用蒸馏水或去离子水充分清洗电极，再用被测液清洗一次。

(3)如用户误使用同一标准缓冲液进行定位校准，斜率标定，在斜率标定过程中按“确认”键时，液晶显示器下方“斜率”警示标识会连续闪烁三次，通知用户斜率标定错误，仪器保持上一次标定结果。

(4)注意保护玻璃膜，在进行磁力搅拌滴定操作测 pH 值时，注意搅拌子勿碰到电极。

5.2.4 氯离子含量测定

1)实验原理

莫尔滴定法是测定可溶性氯化物中氯含量常用的方法。此法是在中性或弱碱性溶液中，以 K_2CrO_4 为指示剂，用 $AgNO_3$ 标准溶液进行滴定。由于 $AgNO_3$ 沉淀的溶解度比 Ag_2CrO_4 小，溶液中首先析出白色 AgCl 沉淀。当 AgCl 定量沉淀后，过量一滴 $AgNO_3$ 溶液即与 CrO_4^{2-} 生成砖红色 Ag_2CrO_4 沉淀，指示终点到达。主要反应如下：

$$Ag^{+} + Cl^{-} = AgCl(\text{白色})\downarrow$$

$$2Ag^{+} + CrO_4^{2-} = Ag_2CrO_4(\text{砖红色})\downarrow$$

滴定必须在中性或弱碱性溶液中进行，最适宜 pH 范围在 6.5 ~ 10.5。如果有铵盐存在，溶液的 pH 范围在 6.5 ~ 7.2。

2)实验仪器

此实验采用瑞士万通 888 型自动电位滴定仪，见图 5 - 6。

3)实验过程

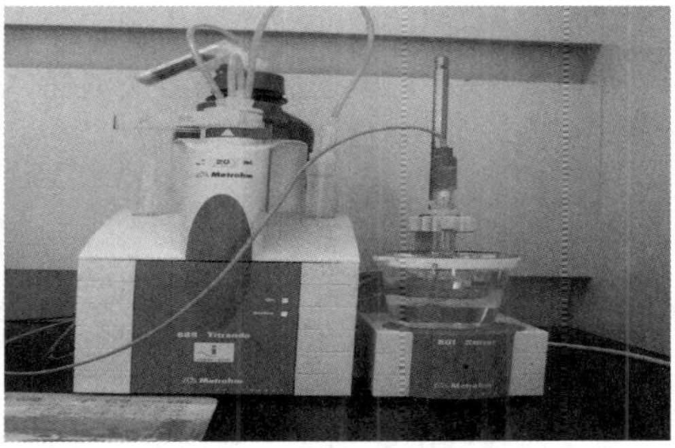

图 5 - 6　自动电位滴定仪

(1)试样制备。无色、透明、含盐度高的油气田水样，经适当稀释(稀释后的试样，氯离子的含量应控制在 500 ~ 3000mg/L)即可测定。如水样中含有 H_2S，则在水样中加数滴硝酸溶液(浓度为 50%)，煮沸除去 H_2S，如水样浑浊，则可用滤纸过滤，去掉机械杂质，保留滤液用于氯离子的测定。

(2)取样。用移液管取定体积滤液(氯离子含量应为 10 ~ 40mg)于三角瓶中，加水至总体积为 50 ~ 60mL，用 HNO_3 溶液或 Na_2CO_3 溶液调节 pH 值至 6.0 ~ 8.5。

(3)确认滴定液信息。打开电脑上图标，进入仪器软件界面。

①单击左侧下方按钮切换到配置界面，此界面分为 4 个子窗口，分别为设备、滴定剂/溶液、传感器、公共变量。

②在右上角的滴定剂/溶液窗口中，找到实验要使用的滴定液。

③在滴定液条目上双击，打开它的属性窗口。在溶液子窗口设置溶液名称，在滴定度标签页设置滴定度，即滴定液标定浓度。确认无误后，单击下方的“确定”，关闭对话框。

(4)执行人工控制中的准备程序。点击屏幕上方手动图标，选择相应的加液设备，选择准备子窗口，点击 ▶开始 按键，手动执行“准备”程序和排除管路气泡。

(5)调用方法，开始滴定。

①单击按钮，切换到工作平台界面。

②在右上角的执行子窗口中，单击方法右侧的下拉箭头，在出现的方法中选择实验要使用的方法。

③将电极、滴定头正确固定在电极夹上，准备好样品烧杯，放入搅拌子，放置在滴定台上。

④将电极和滴定头下移，使二者均浸入液面以下，调整电极高度使之与搅拌子保持一定距离，以防电极受损。

⑤在 Sample Size 处输入样品量，在 Sample Size Unit 处输入样品单位。单击 ▶开始 键，等待实验完成。

(6)数据的查询。

①单击按钮，切换到数据库界面。

②单击“文件”→“打开”。在出现的对话框中选择对应的数据库，单击“打开”。在打开的数据库中，查看测定结果。

4)计算

$$c_{Cl^-} = c_{AgNO_3}(V_1 - V_2) \times 1000/V \tag{5-4}$$

$$\rho_{Cl^-} = c_{Cl^-} \times M_{Cl^-} \tag{5-5}$$

式中 c_{Cl^-}——Cl^-摩尔浓度，mol/L；

c_{AgNO_3}——硝酸银标准溶液摩尔浓度，mol/L；

M_{Cl^-}——Cl^-摩尔质量，g/mol；

V_1——硝酸银溶液消耗体积，mL；

V_2——空白实验硝酸银溶液消耗体积，mL；

V——原水样体积，mL；

ρ_{Cl^-}——质量浓度，g/L。

5.2.5 钙、镁离子含量测定

1)实验原理

滴定前水样中的钙离子和镁离子与加入的铬黑T指示剂络合，溶液呈现酒红色，随着EDTA的滴入，配合物中的金属离子逐渐被EDTA夺出，释放出指示剂，使溶液颜色逐渐变蓝，至纯蓝色为终点，由滴定所用的EDTA的体积即可换算出水样的总硬度。

2)实验用计量器具

实验用计量器具包括被测水样、EDTA标准溶液、各类移液管若干个、酸式滴定管1个。

3)实验过程

(1)试样制备。

当水样中铁离子含量1mg时，需要去除铁离子。取定量的水样，加0.3g氯化铵，用盐酸溶液调节溶液pH值至3~4；在电炉上煮沸，搅拌下滴加5~10mL浓氨水，煮沸1min；趁热过滤，用热水洗沉淀至无氯离子，滤液和洗涤液一并收集在另一烧杯中，置烧杯与电炉上，煮沸、逐尽氨，冷却至室温后，得滤液A测定钙镁离子。

(2)滴定步骤。

①用大肚移液管取定体积滤液A于烧杯中，加水至总体积为120mL。置烧杯于电炉上，加热至微沸；搅拌下滴加10mL硫酸钠溶液，煮沸30~50min，在60℃下静置4h(除去锶、钡离子)。将溶液和沉淀一并移入250mL容量瓶中，定容、摇匀。放置数分钟后，在滤纸上过滤，得滤液B。用大肚移液管取定体积滤液B于三角瓶中，加10mL氨性缓冲液，加3~4滴铬黑T指示剂，用EDTA标准溶液缓慢滴定，使溶液由葡萄红色变至纯蓝色为终点。EDTA消耗量记为V_1。

②用大肚移液管取与步骤a.中同体积的滤液B于三角瓶中，加水至总体积为80mL。加10mL氢氧化钠溶液(4%)，加3mg钙指示剂，用EDTA标准溶液滴定至纯蓝色为终点。EDTA消耗量记为V_2。

4)计算

$$c_{Mg^{2+}} = (V_1 - V_2)c_{标} \times 1000/V \tag{5-6}$$

$$c_{Ca^{2+}} = c_{标} V_2 \times 1000/V \tag{5-7}$$

式中　$c_{Mg^{2+}}$——镁离子的摩尔浓度，mmol/L；

$c_{Ca^{2+}}$——钙离子的摩尔浓度，mmol/L；

V_1——滴定镁离子时消耗 EDTA 的量，mL；

V_2——测定钙离子时消耗 EDTA 的量，mL；

$c_{标}$——EDTA 标准溶的浓度，mmol/L；

V——取样体积，mL。

5.2.6　碳酸根、碳酸氢根和氢氧根离子的含量

1）实验原理

用盐酸标准溶液滴定水样，依次用酚酞和甲基橙溶液为指示剂，用两次滴定所消耗盐酸标准溶液的体积计算碳酸根、碳酸氢根和氢氧根离子的含量，反应方程式如下：

$$OH^- + H^+ \longrightarrow H_2O（酚酞指示剂）$$

$$CO_3^{2-} + H^+ \longrightarrow HCO_3^-（酚酞指示剂）$$

$$HCO_3^- + H^+ \longrightarrow H_2O + CO_2\uparrow（甲基橙指示剂）$$

2）实验仪器

实验仪器有 888 自动电位滴定仪、移液管、酸式滴定管若干个。

3）实验过程

用移液管取 50～100mL 刚开瓶塞的水样于三角瓶中，加 2～3 滴酚酞指示剂。若水样出现红色，则用盐酸标准溶液滴至红色刚消失，所消耗的盐酸标准溶液的体积记作 V_1。再加 3～4 滴甲基橙指示剂，水样呈黄色，则继续用盐酸标准溶液滴至溶液由黄色变为橙红色，所消耗的盐酸标准溶液的体积记作 V_2。若加酚酞指示剂后水样呈无色，则继续加甲基橙指示剂至水样呈黄色，用盐酸标准溶液滴定至橙红色为终点。

4）计算

碳酸根、碳酸氢根和氢氧根离子的含量关系如表 5－4 所示。

表 5－4　碳酸根、碳酸氢根和氢氧根离子的含量关系

盐酸耗量	碳酸氢根	碳酸根	氢氧根
$V_1 = 0$	V_2	0	0
$V_1 < V_2$	$V_2 - V_1$	V_1	0
$V_1 = V_2$	0	V_1	0
$V_1 > V_2$	0	V_2	$V_1 - V_2$
$V_2 = 0$	0	0	V_1

当 $V_1 = 0$ 时，表明仅有碳酸氢根离子，其含量计算如下：

（1）当 $V_1 = 0$ 时：

$$c_{HCO_3^-} = c_{HCl} V_2 / V \times 10^3 \tag{5－8}$$

$$\rho_{HCO_3^-} = c_{HCO_3^-} \times M_{HCO_3^-} \tag{5－9}$$

（2）$V_1 < V_2$ 时：

$$c_{HCO_3^-} = c_{HCl}(V_2 - V_1)/V \times 10^3 \tag{5－10}$$

$$c_{CO_3^{2-}} = c_{HCl}V_1/V \times 10^3 \tag{5-11}$$

(3)$V_1 > V_2$ 时：

$$c_{CO_3^{2-}} = c_{HCl}V_2/V \times 10^3 \tag{5-12}$$

$$c_{OH^-} = c_{HCl}(V_1 - V_2)/V \times 10^3 \tag{5-13}$$

(4)$V_2 = 0$ 时：

$$c_{OH^-} = c_{HCl}V_1/V \times 10^3 \tag{5-14}$$

式中 c_{HCl}——HCl 标准溶液摩尔浓度，mol/L；

$c_{CO_3^{2-}}$——CO_3^{2-} 离子摩尔浓度，mol/L；

c_{OH^-}——OH^- 离子摩尔浓度，mol/L；

$c_{HCO_3^-}$——HCO_3^- 离子摩尔浓度，mol/L；

$\rho_{HCO_3^-}$——HCO_3^- 质量浓度，mg/L；

V_2——HCl 消耗体积，mL；

V——原水样体积，mL。

5.2.7 硫酸根离子的含量测定

1)实验原理

硫酸根不能直接滴定，而是在弱酸性加热条件下(去除 CO_3^{2-}、HCO_3^- 的影响)，加入过量的钡镁混合溶液，使硫酸根全部与钡离子发生反应生成硫酸钡沉淀，剩余的钡离子，在 pH≈10 时以铬黑 T 作指示剂，在镁离子存在下，用 EDTA 标准溶液滴定过量的钡离子，从而间接测出硫酸根的含量，其反应式为：

$$BaCl_2 + SO_4^{2-} \longrightarrow BaSO_4 + 2Cl^-$$

Ba^{2+}、Mg^{2+} 与 EDTA 发生络合反应，反应比例为 1：1。

2)实验用计量器具

实验用计量器具有：移液管若干个、酸式滴定管 1 个。

3)实验过程

(1)取适量水样于锥形瓶，稀释或浓缩至 100mL，加入数滴盐酸(1+1)，加热煮沸 1～2min，以除去 CO_2。

(2)加入钡镁混合液，同时不断搅拌，并加热至沸后，放置至常温。

(3)加入 10mL 氨水氯化铵缓冲溶液，铬黑 T 指示剂少许，用 EDTA 标准溶液滴定至溶液由红色变为纯蓝色，记录 EDTA 标准溶液用量 V_1。

(4)取同体积水样测定其中的钙和镁($Ca^{2+} + Mg^{2+}$)，记录 EDTA 标准滴定溶液的用量 V_2。

(5)取 100mL 蒸馏水，作全程序空白，消耗 EDTA 溶液记为 V_3。

4)计算

$$c = \frac{(V_2 + V_3 - V_1)c_{EDTA}}{V} \times 96.06 \times 1000 \tag{5-15}$$

式中 V_1——水样测定所消耗 EDTA 标准滴定溶液的量，mL；

V_2——滴定同体积水样中钙和镁所消耗 EDTA 标准滴定溶液的量，mL；

V_3——滴定空白所消耗 EDTA 标准滴定溶液的量，mL；

V——所取水样量，mL；

c_{EDTA}——EDTA 标准滴定溶液的浓度，mol/L；

96.06——硫酸根摩尔质量，g/mol。

5.2.8　铁、锰含量测定

1）实验原理

将样品或消解处理过的样品，直接吸入火焰中，铁锰的化合物易于原子化，可分别于 248.3nm 和 279.5nm 处，测量铁锰基态原子对其空心阴极灯特征辐射的吸收，在一定条件下吸光度与待测样品中金属浓度成正比。

2）实验仪器

实验仪器为普析通用 A3 原子吸收分光光度计（图 5－7）。

3）实验过程

（1）仪器初始化。

开启计算机，打开仪器电源，用鼠标双击桌面上 AAWIN PRO 图标，启动仪器分析测试程序，此时计算机屏幕弹出初始界面。在弹出的运行模式下拉框中选择联机。点击确定按钮，仪器进入初始化阶段。

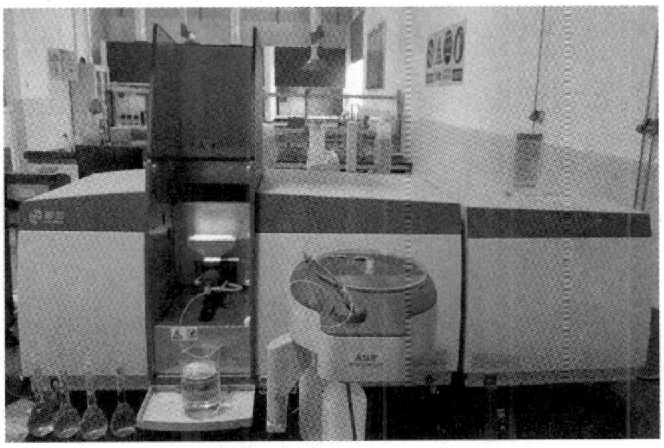

图 5－7　原子吸收分光光度计示意

（2）设置元素灯。

①初始化完成后，出现元素灯选择窗口，在工作灯和预热灯下拉框中选择需要的元素灯。点击“下一步”进入元素测量参数设置页面。

②根据测试的需要设置测量参数，设置内容包括：工作灯电流、预热灯电流、光谱带宽和负高压值。单击“下一步”，系统用指令发送窗口将设置的数据发送给仪器。

③当指令执行完后进入波长设置页面，在波长下拉框中选择元素的特征波长，单击“寻峰”按钮，系统会对选择的波长进行寻峰操作。寻峰过程中不可拿物品遮挡光源。

④寻峰结束后，点击关闭按钮，然后点击完成按钮结束对元素灯的设置，关闭向导。

⑤进入主界面（仪器预热 0.5h），设置燃烧器高度 8.0，位置 －1.0 左右。

（3）样品设置。

①选择系统主菜单“设置”→“样品设置向导”或单击工具按钮“”，打开样品设置向导。

②选择标准样品的校正方法，一般测量选用一次线性标准曲线法。设置浓度单位（mg/L）、样品编号等信息。

③当设置完标准样品参数后，单击“下一步”按钮，即进入“标样浓度设置页”，在标样列表的“浓度”栏中输入相应的标样浓度。单击“增加”按钮增加标样。

④设置完标样浓度后，可单击“下一步”按钮，再点击“下一步”即可进入样品设置向导的最后一页“未知样品设置页”。

⑤设置未知样品的数量、样品编号以及计算实际浓度所需的系数。确认无误后，可单击“完成”按钮，系统将把设置的样品填充到测量表格中。即可转入测量。

(4)测量参数设置。

①选择主菜单“设置”→“测量参数”或单击工具按钮“参数”，打开测量参数设置对话框。

②在“测量重复次数”中设置“标准样品”和“未知样品”的测量重复次数，一般为1～3次。选择测量方法为火焰法。

③“测量方式”设置为“自动”，对“间隔时间”和“取样延时”进行设置。“间隔时间”是每次取样所等待的时间，一般为1～3s。“取样延时”是开始自动取样之前需要等待的时间，一般为0～5s。

④点击“显示设置页”，对测量中图形的显示进行设置，选择时间为30s。

⑤点击“信号处理”，对信号处理参数进行设置。

⑥在“计算方式”下拉框中设置数据的计算方式，选“连续”。

⑦在“积分时间”输入框中输入对测量数据进行积分的时间。火焰常选在1～3s。

⑧“滤波系数”火焰常选在0.1～0.6。

(5)测量。

①在进入测量前，打开空气压缩机，调节其出口压力在0.22～0.25MPa。火焰燃烧过程中不可按压放水阀。按压放水阀时，压力降到0.1MPa以下才可放手。

②打开乙炔钢瓶。一级减压阀压力调到0.12MPa，二级减压阀压力调到0.06～0.08MPa，打开乙炔压力阀。认真检查气路以及水封状态，确认无误后，单击工具按钮“火焰”，出现“火焰选择”界面，在此界面下根据当前选用的燃烧器，将燃气能量设为1300～1500；进行点火操作。如果认为火焰过大、过小或火焰不在合理的位置，可在当前界面下进行调节。

③将燃烧头预热10～20s，将进样管放入清洗头(纯水)中清洗10s以上后拿出，使进样管保持悬空状态，手不可拿到进样管的底部，进样管与燃烧头接头处不可弯曲，点击“能量”→“自动”能量平衡(99%～100%)→关闭。依次选择主菜单“测量”→“开始”，也可以单击工具按钮“▶”或按F5键，即打开测量窗口，测量谱图中开始绘制测量曲线。

④将准备好的空白溶液、标准样品溶液、待测样品溶液放置在仪器前，将毛细管放在溶液中，待显示的测量图形或数据稳定后，单击“开始”按钮进行取样。先进行标准样品溶液的测定，放入第一个样品时要单击“校零”按钮对仪器进行校零。依次放入相应浓度的标准样品进行测量，待所有标准样品测量完成，双击校正曲线图框，相关系数在0.999以上即可使用，可接着对未知样品进行测量，测量结果会自动填充到测量表格中。

(6)结果报告处理。

①测量结束后对测试报告进行处理，可以保存、打印、处理结果等。

②如果需要将测量结果保存为文件，可依次选择主菜单“文件”→“保存”或单击工具按钮“💾”。

(7)测试结束。

①火焰测试完成后，关闭乙炔气路，首先关闭钢瓶压力阀，使钢瓶和一级减压阀的压力表全部归零，将黑色阀钮关闭，拧松一级减压阀，待二级减压阀压力归零后，关闭阀

门，拧松二级减压阀，最后关闭乙炔压力阀。继续喷空白溶液几分钟，以清洗雾化系统，然后关闭空压机；按放水阀3次，关闭主机电源。

②清理好标样与样品，整理打印结果报告。

③依次选择主菜单“文件”→“退出”，将 AAWIN PRO 系统关闭。

④关闭仪器。

5.3　回注水水质分析

回注水除要求水量稳定、取水方便和经济合理外，还必须符合以下要求：不得携带大量悬浮物，以防注水井渗滤端面堵塞；对注水设施腐蚀性小；回注水水质分析项目主要包括溶解氧、含油量、铁、硫、悬浮物、粒径中值和细菌测定。

5.3.1　溶解氧测定

1）实验原理

测定溶解氧的方法一般为碘量法，实验原理是水样中加入 $MnSO_4$ 和碱性 KI，水中的溶解氧将二价锰氧化成四价锰，并生成氢氧化物沉淀。加酸后，四价锰又可氧化碘离子而在析出与溶解氧量相当的游离碘。以淀粉为指示剂，用 $Na_2S_2O_3$ 标准滴定游离碘，即可计算出溶解氧含量。

现场为实验方便，常采用比色管法测溶解氧，实验原理是通过测量有色物质溶液颜色深度来确定溶解氧含量。

2）实验仪器

实验采用沃特 ZZW－Ⅱ型水质多参数仪，见图5－8。

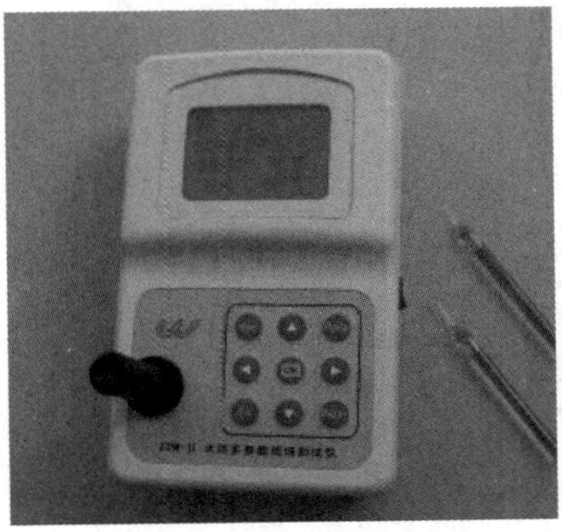

图5－8　沃特 ZZW－Ⅱ型水质多参数仪示意

3）实验过程

溶解氧含量大于1.0mg/L时，采用高氧测试管，在5min时测试；含量在0.1～1.0mg/L时，采用中氧测试管在2min时测试；含量小于0.1mg/L时，采用低氧测试管（0～0.1mg/L）在2min时测试。分别对应测试仪菜单中的高、中、低溶解氧参数进行测试。

(1)测试管显色。

①选取测试管：根据水样中待测物及其含量范围选用相应品种和规格的测试管。

②吸取样品：将测试管的毛细管部分完全浸入待测水样中。在水样中轻轻折断毛细管(将毛细管在杯壁上折断或使用助折器折断)。水样自动定量吸入测试管。

③充分混合：取出测试管后上下倒置数次，使管中气泡上下走动，充分混合液体。由于毛细管作用，倒置时溶液不会从管中流出。为使溶液混合均匀，倒置时应使管中气泡上下流动到顶。

④等待显色：显色反应计时，不同参数的测试管各有其特定的显色反应时间，通常在1～15min。

⑤擦拭并插入测试仪：显色反应完成后，将测试管擦干，插至测试仪插孔底部，注意毛细管朝上。盖上遮光罩。

(2)水质多参数仪操作。

①开机：打开测试仪主机电源开关，使用上、下、左、右键和确认键进行选择操作。

②校零：选定“测试”按下确认键，仪器进入测试功能。按屏幕提示使用上下键和翻页键选定要测试的项目参数，按下确认键。盖上遮光罩，按下确认键(注意插孔内应无物)，校零完成。

③测试保存：将已完成显色反应的测试管擦拭干后插入孔内，盖上遮光罩，按下确认键，屏幕出现测试结果。按确认键保存。

④数据查询：按“返回”键，屏幕返回主菜单。进入主菜单选择查看功能，按下确认键，选择上下键可依次查询历史所测得的数据，选择“退出”则返回上一层。

⑤数据上传：将U盘插入U盘插孔后，进入主菜单使用上下左右键，选定上传键，按下确定，屏幕提示数据上传成功后，按下确认键，返回主菜单；如果数据上传失败，屏幕会提示“请检查”，按下确认键，返回主菜单。

5.3.2 含油测定

1)实验原理

回注水中的油质可以被溶剂油等有机溶剂提取，提取液的颜色深浅度与含油量浓度成线性关系，因此可以用比色的方法进行测定，实际工作中主要采用430nm的波长进行测定。

2)实验仪器

实验采用TU－1810DS型紫外可见分光光度计，见图5－9。

3)实验过程

(1)将水样移入分液漏斗中，加HCl溶液2.5～5.0mL，用50mL汽油分2次萃取水样，每次都将洗取样瓶后的汽油倒入分液漏斗中并振摇1～2min。

(2)将2次萃取液都收集于50mL比色管中，用汽油稀释到刻度，盖紧瓶塞并摇匀，同时测量被萃取后水样体积(应减去加盐酸体积)，若萃取液浑浊，应加入无水Na_2SO_4(或无水$CaCl_2$)，脱水后再进行比色测定。

(3)打开PC，启动工作站，并连接主机，仪器自动进行初始化自检。

(4)波长扫描选择Spectrum界面，定量分析选择Quantitative界面。

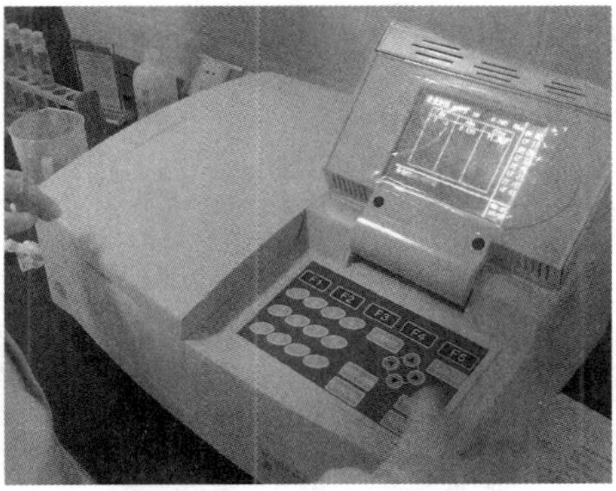

图5-9　TU-1810DS型紫外可见分光光度计示意

(5)设置波长、带宽、响应时间等参数，用萃取剂(汽油)作空白样，在分光光度计上测其光密度值，在标准曲线上查出含油量。把装有样品的比色皿分别放入样品池和参比池，开始测试。

(6)测试完成后，记录原始数据。取出比色皿，洗净。关上主机盖板。

图5-10～图5-17为含油测定的操作过程示意。

图5-10　水样萃取

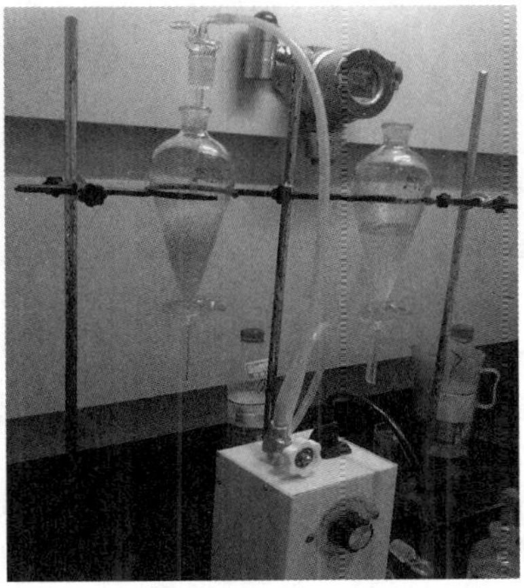

图5-11　用振荡器对水样进行振荡

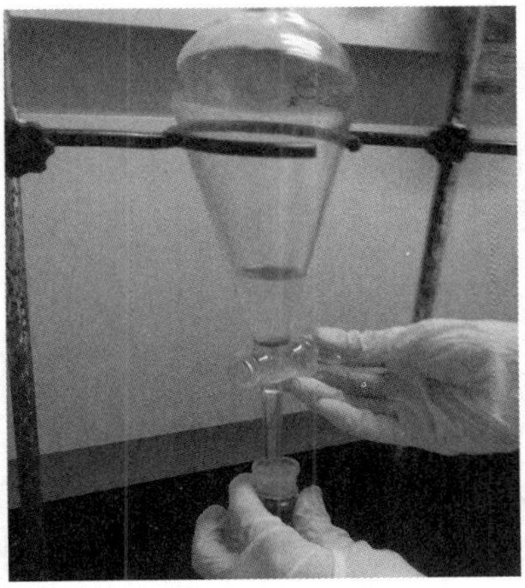

图5-12　二次萃取

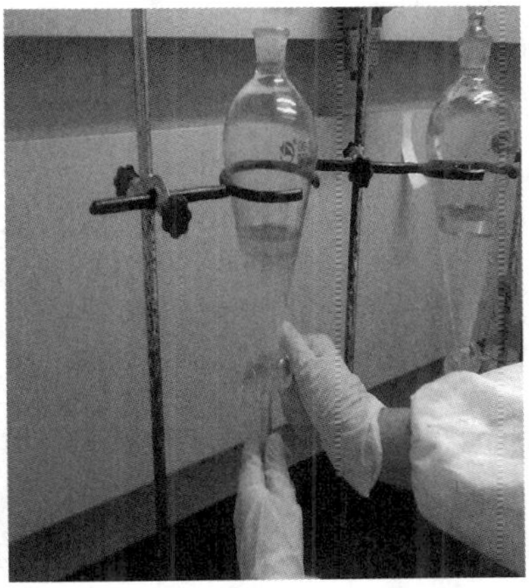

图5-13　将萃取液收集于比色管中

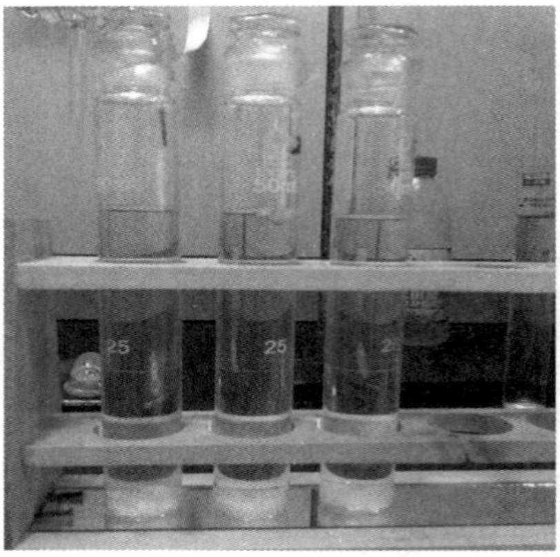

图 5－14　萃取完成

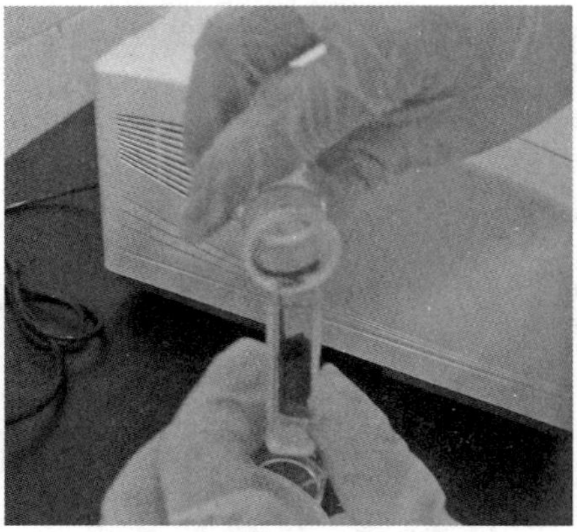

图 5－15　将萃取液倒入比色皿中

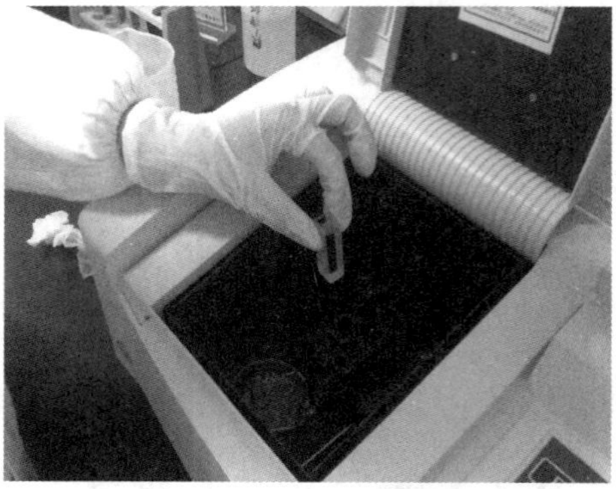

图 5－16　放入仪器中

图 5－17　读数

5.3.3　含硫测定

1）实验原理

水中的硫化物与硫化物检测管内的试剂发生化学反应而显色，颜色的深浅与硫化物含量成正比。

2）实验仪器

实验用沃特 ZZW－Ⅱ型水质多参数仪。

3）实验过程

（1）硫化物含量大于 1.0mg/L 时，选用高硫检测管；含量小于 1.0mg/L 时，选用低硫检测管，分别对应测试仪菜单中高、低硫化物参数进行测试，若水样中硫化物浓度大于 20mg/L 时测试结果会降低，应稀释适当倍数后再测定。

（2）确认待测水样的 pH≤9。

（3）按待测水样中硫化物含量范围选用不同浓度的硫化物检测管。将硫化物检测管的毛细管部位完全浸入待测水样中，折断毛细管，待测水样即被自动吸入管中。

（4）取出检测管，将其来回倒置几次使管中液体混合均匀。

（5）将检测管插入（50±1）℃的加热反应器插孔中，准确加热 2min 后取出，在常温下冷却 1min 后，迅速将发生显色反应的检测管插入测试仪的插孔中，按测试仪操作程序进行测试。

5.3.4　含铁测定

1)实验原理

显色法指水中的铁离子与检测管内试剂发生化学反应而显色，其颜色的深浅与铁含量成正比，亚铁离子与二氮杂菲生成稳定的橙红色络合物，在510nm波长处有最大吸收。三价铁含量可由总铁含量减去亚铁含量得到。

2)实验仪器

实验用沃特ZZW－Ⅱ型水质多参数仪。

3)实验过程

亚铁、总铁测试管显色时间约为3min，之后将发生显色反应的测试管插入水质多参数仪的插孔中，按测试仪操作程序进行测试。

三价铁含量可由总铁含量减去亚铁含量得到。

5.3.5　悬浮物的测定

1)实验原理

测定悬浮物采用滤膜过滤法，即让水样通过已称至恒重的滤膜，根据过滤水样的体积和滤膜的增重计算水样中悬浮固体的含量。

2)实验仪器

实验采用微孔薄膜过滤器如图5－18所示。

图5－18　微孔薄膜过滤器示意

3)实验过程

(1)将滤膜放入蒸馏水中浸泡30min，并用蒸馏水洗3~4次。

(2)取出滤膜放在微波炉中，在70℃下烘3min(或在烘箱中，90℃烘30min)，取出后放入干燥器冷至室温，称重。

(3)重复操作，直至恒重(二次称量差小于0.2mg)，记为m_1。

(4)将已恒重的滤膜用水润湿装到微孔滤器上。

(5)取一定体积欲测水样装入微孔薄膜过滤实验仪中。

(6)用真空泵加压，打开开关过滤水样。

(7)用镊子从滤器中取出滤膜并烘干，称重记为m_2。

4)计算

$$c_x = (m_2 - m_1)/V_w \tag{5-16}$$

式中　c_x——悬浮物固体含量，mg/L；

m_1——实验前滤膜质量，mg；

m_2——实验后滤膜质量，mg；

V_w——通过滤膜的水样体积，L。

5.3.6 粒径中值

1）实验原理

利用小孔电阻原理，如图 5－19 所示。小孔内充满电解液，设电解液的电阻率为 ρ，小孔横截面积为 S，长度为 L，则小孔两端的电阻为：$R_0 = \rho L/S$

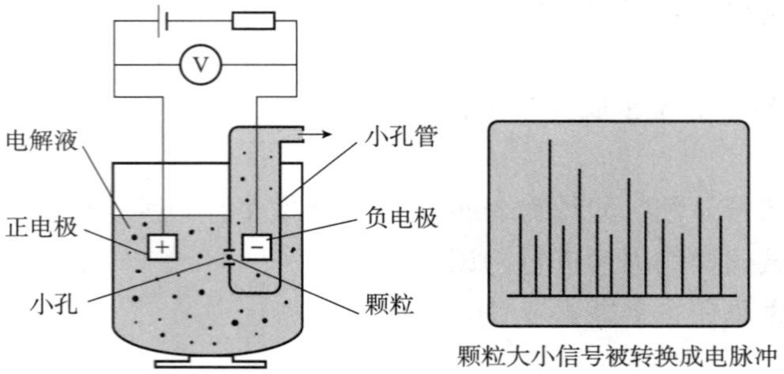

图 5－19　颗粒计数器原理示意

当有绝缘颗粒进入小孔，占去一部分导电空间，电阻将增大。经过计算电阻增量正比于颗粒体积。

小孔管浸泡在电解液中。小孔管内外各有一个电极，电流可以通过孔管壁上的小圆孔，从阳极流到阴极。小孔管内部处于低气压状态，因此管外的液体将源源不断地流动到管内。测量时将颗粒分散在液体中，颗粒就跟着液体一起流动。当其经过小孔时，两电极之间的电阻增大，电压升高，产生一个电压脉冲。当电源是恒流源时，电压脉冲的峰值正比于小孔电阻的增量，也就是正比于颗粒体积，在圆球假设下，可换算成颗粒直径。仪器只要准确测出每一个电压脉冲的峰值，即可得出颗粒的大小及个数，最终统计出颗粒分布。

2）实验仪器

实验采用欧美克 RC－3000 电阻法颗粒计数器，如图 5－20 所示。

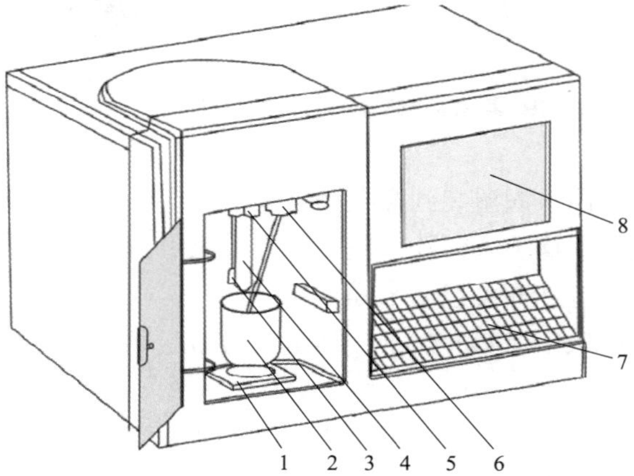

图 5－20　欧美克 RC－3000 电阻法颗粒计数器结构

1—测试台；2—测试杯；3—阳电极；4—小孔管；5—小孔管固定螺栓；
6—搅拌电机；7—键盘；8—LCD 触摸屏

3）实验过程

（1）配制电解液。

用蒸馏水配制0.9%的NaCl水溶液作为电解液，并用0.22μm的微孔滤膜对其过滤一次。

（2）样品分散。

在小烧杯里放约0.5mL的样品，再倒入20～30mL电解液。打开超声波清洗器，将小烧杯浸入清洗槽内，慢慢摇晃小烧杯，使样品均匀分散开。对于小于10μm的样品在超声分散前先往烧杯滴入1～2滴分散剂，然后加入样品和少量电解液。分散时间视样品不同而异，一般在0.5～15min。

（3）测试设置。

①在电脑桌面双击软件图标，进入测试软件。

②单击测试软件"文件"选项卡下的"新建测量文件"按钮，按提示新建一个测量文件，用来存放测量记录。如果已经有测量文件，也可以直接打开原测量文件，测量记录将存放在打开的测量文件中。

③新建测量文件后，软件会自动切换到"测量"选项卡下，开始测量前一般要求先测量背景，测量背景前先设置好搅拌速度，开启搅拌。然后点击"测量背景"按钮。

④关于参数的设置，测量方式分为"定体积测量"和"定时间测量"。根据测试需求选择合适的参数，测量时间设置也是根据测试需求选择。

（4）测量。

①设置好相应的参数后。点"确定"按钮就可以测量背景，测量完成后弹出保存背景数据提示框。点击"确定"按钮进行保存。测量背景时要求颗粒总数低于200。

②背景测量完成后，点击"测量"按钮，弹出测量参数对话框。根据测量需求填写参数。

③测量完成后会得到测试记录，测量结束。可以单击左边的测试记录界面选择查看记录，点击右上方"测量报告""百分报告"等可查看测试报告。

（5）排堵及充液。

①排堵：一般情况下测量中出现颗粒总数很少或者没有，这种情况很可能是孔管堵塞了，这时就需要点击"排堵"按钮进行排堵。

②充液：当排堵完成后，一般需要点击"充液"按钮进行充液。

（6）标定。

①在标定前，首先需要使用空白电解液测量背景，然后再点击"标定"按钮。

②弹出标定对话框后，测量次数一般选择1，小孔管孔径选择当前使用的孔管孔径，标33定值填写标准粒子*D*50的值。然后点击"确定"按钮进行标定。

③标定快完成时，会弹出标定完成对话框，并给出标定系数。然后点击"确定"按钮，标定结束。

④验证标定值：为了验证标定系数是否合理，还需要对标定样品进行测样，点击"测量"按钮。

⑤对标准样进行新的测量，如*D*50偏差大于1%，则需要重新标定直到符合要求。

5.3.7 菌量计量

1)实验原理

采用绝迹稀释法，即将欲测定的水样用无菌注射器逐级注入测试瓶中进行接种稀释，送实验室培养。根据细菌瓶阳性反应和稀释的倍数，计算出水样中细菌的数目。

2)实验仪器

实验仪器包括生化培养箱、细菌瓶、一次性注射器。

3)实验过程

(1)将测试瓶排成一组，并依次编上序号。

(2)用无菌注射器取 1.0mL 水样注入 1#瓶内，充分振荡。

(3)用另一支无菌注射器从 1#瓶内取 1.0mL 水样注入 2#瓶内，充分振荡。

(4)再更换一支无菌注射器从 2#瓶内取 1.0mL 水样注入 3#瓶内，充分振荡。

(5)以此类推一直稀释到最后一瓶为止。根据细菌含量决定稀释瓶数，一般稀释到 4#瓶。也可根据实际情况稀释到 7#瓶。

(6)把上述测试瓶放入恒温培养箱中(培养温度控制在现场水温的 ±5℃内)，一周后读数。

图 5 - 21 ~ 图 5 - 23 为细菌测定的实验步骤示意。

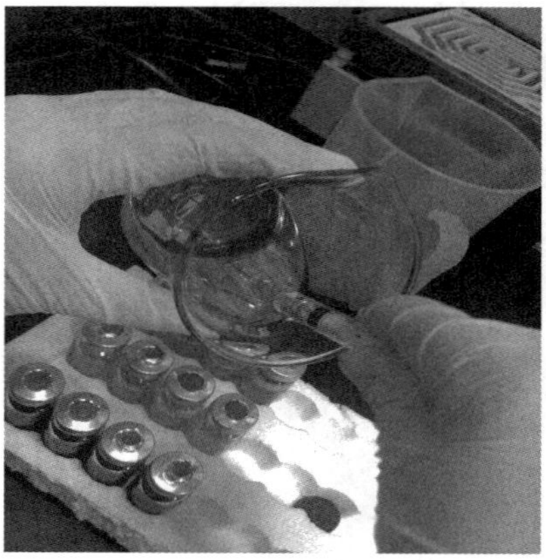

图 5 - 21 吸取水样

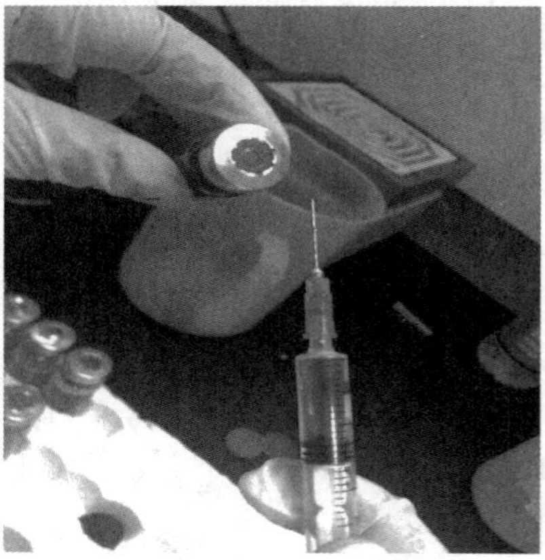

图 5 - 22 将水样注入细菌瓶中

图 5 - 23 放入细菌培养箱

4)数据处理

根据细菌瓶变化进行读数，当没有细菌瓶出现明显变化时，读数为零；1#瓶出现变化时，细菌读数为 10；2#瓶出现变化时，读数为 10^2，以此类推，记录细菌个数。

5.4　润滑油分析

石油及其产品的物理性质是生产和科研中评定油品质量和掌握设备运行状况的主要指标。通过测定其黏度、倾点、水分、机械杂质、泡沫特性等指标，来掌握其物理性质，油品的物理性质与其化学组成密切相关。

5.4.1　闪点测定

1)实验原理

将油品试样装入实验杯至规定的刻度线，先迅速升高试样的温度，当接近闪点时再缓慢地以恒定的速度升温。在规定的温度间隔，用一个小的实验火焰扫过实验杯，使实验火焰引起试样液面上部蒸气闪火的最低温度即为闪点。在环境大气压下测得的闪点用公式修正到标准大气压下的闪点。

2)实验仪器

实验采用JSH3702型石油产品自动开口闪点和燃点测定器，见图5-24。

图5-24　JSH3702型石油产品自动开口闪点和燃点测定器示意

3)实验过程

(1)开机。打开仪器电源开关，等初始化程序完成后出现待测的画面。

(2)参数设置。点击“参数设置”进入参数设置画面，设置好各参数后点击“保存退出”。

(3)准备待测油样。在干净的油杯内装好待测油样至刻度线，将装好油样的油杯放在仪器油杯盘上。

(4)工作设置。点击“开始工作”出现参数输入画面；在“油样编号”“测量编号”“预置闪点”栏输入待测油样相应信息；在[闪/燃切换]按钮栏选择检测项目；在“操作者”对话框输入操作人；在“大气压力”栏输入环境大气压力。设置好各参数后点击“确认”退出。

(5)开始测试。点击“开始工作”按钮仪器会自动检测待测油样的开口闪点，油样温度以数字显示在屏幕上，到预置闪点前28℃时开始自动扫火，每隔2℃扫一下。

(6)测试结束。当仪器检测到达闪点后，闪点测量结果和经大气压力修正后的结果会显示在电脑屏幕上。同时仪器自动关闭加热和点火器，抬起测试头，打开风扇开始冷却。当冷却到设定的冷却时间后仪器可进行下一步操作。

(7)数据查看。若要查询以前的做样数据，点击“数据查询”按钮出现数据查询画面，即可查询到以前的做样数据。点击选择要查询的一个结果，点击“打印”按钮可以打印当前数据。

(8)中止操作。如需要中途(手动)停止做样，点击“停止工作”按钮，在弹出的窗口上点击“是”，则结束检测。同时仪器自动关闭加热和点火器，抬起测试头，并打开冷却风扇。等到达设定的冷却时间后，才能点击菜单中的其他界面。

(9)燃点测试。若选择测试闪点/燃点，当检测到闪点后会继续升温测试，直到油被点燃并持续燃烧5s以上，则开始着火时的温度为燃点，屏幕显示燃点值。仪器自动关闭加热和点火器，抬起测试头，灭火盖移过来盖熄火焰。轻轻吹熄温度传感器上燃烧的火苗。

5.4.2 运动黏度测定

1)实验原理

将待测液体样品注入折管式黏度计的特定测量室中，当样品开始在仪器内部流动时，由于黏度的影响，流速会受到限制，仪器内置传感器或计时装置会测量样品流过固定距离(通常是通过一个特定长度的折管部分)所需的时间。这个时间直接或间接地反映了液体的黏度，因为黏度越高，液体通过同一距离所花费的时间越长。

图5-25 JSR1116型全自动折管式运动黏度测定器示意

2)实验仪器

实验采用JSR1116型全自动折管式运动黏度测定器，见图5-25。

3)实验过程

(1)打开电源开关，一切正常时方可使用。

(2)设置目标温度及各测量参数。

(3)待温度达到目标温度并且稳定后，按“测试”键启动测量，输入样品编号。用移液器从样品中抽吸一定量的样品(厂家指导进样量)，注入黏度管。

(4)测量完成后，按“清洗”键启动清洗。用洗瓶向黏度管注入少量清洗液，操作3~5次。清洗后仪器自动进入干燥过程。

(5)干燥完成后，仪器自动进入管温恢复阶段。管温恢复完成后，方可进入下一轮测试。

(6)在测量和清洗过程中发现有异常情况，可以按“终止”键终止当前过程。

(7)测量完毕，关闭仪器电源。

5.4.3 倾点测定

1)实验原理

将试样装在规定的试管中，经预热，在规定的速率下冷却，每隔3℃检查一次试样的流动性(将试管倾斜45°经过1min，观察液面是否移动)。记录观察到试样能够流动的最低点温度作为倾点。

2)实验仪器

实验采用JSR1607型倾点(多用途)测定仪，主要由冷浴槽、温度显示器、试管套架组成，如图5-26所示。

3)实验过程

图5-26　JSR1607型倾点(多用途)测定仪示意

(1)打开2个冷室的盖子或塞子，分别缓慢向2个冷室中注入约1500mL和450mL的乙醇，然后盖好塞子。如果冷室内残留有乙醇，则只需补充满即可。

(2)在确信仪器良好接地情况下，接通电源，打开电源开关，此时开关指示灯亮，两个温控器上排分别显示两个冷浴槽的实际温度(PV)，下排显示设定温度(SV)，按"▲"或"▼"键可改变设定温度值。

(3)将清洁试样倒入试管至刻度线。对于黏稠试样可在水浴中加热至流动后，倒入试管内。

(4)将插有温度计的软木塞紧紧地塞住试管，调整软木塞和温度计的位置，使温度计和试管在同一轴线上，温度计的毛细管起点应浸在试样液面以下3mm处。

(5)对于倾点在-33~33℃的试油，在不搅动试样的情况下，将装有试样的试管放入(48±1)℃的水浴中加热至(45±1)℃；在空气或约25℃水浴中冷却试样至(36±1)℃。

(6)对于倾点低于-33℃的试油，加热至(45±1)℃后，放入(7±10)℃的水浴中冷却至(15±1)℃，取出高倾点温度计，换上低倾点温度计。

(7)将圆盘放在套管的底部，将垫圈放在试管内距试样液面上方约25mm处，并将试管放入套管中。

(8)保持冷浴的温度在-1~2℃，将带有试管的套管牢固地装在冷浴的垂直位置上，使套管露出冷却介质液面不大于25mm。

(9)试样经过足够的冷却后，形成石蜡结晶，应注意不要搅动试样和温度计，也不允许温度计在试样中有移动，对石蜡结晶的海绵网有任何扰动都会导致结果偏低或不真实。

(10)从高于倾点12℃开始，每当温度计读数为3℃倍数时，要小心地将试管从套管中取出。倾斜试管到刚好能观察到试管内试样流动情况。取出试管到放回试管的全部操作，要求不超过3s。

(11)当测定极低的倾点时，每个浴的温度要保持比前一个浴的温度低17℃，每当试样温度高于新浴27℃时，就要转移试管到下一个冷浴中。

(12)当倾斜试管，发现试样不流动时，就立即将试管放在水平位置上，仔细观察试样的表面，如果在5s内还有流动，则立即将试管放回套管再进行实验，直到试管保持水平位置5s而试样无流动时，记录观察到的实验温度计读数。

(13)将最终记录的试样无流动时的温度加3℃，作为试样倾点的结果。

(14)停机步骤。关闭搅拌开关、制冷开关、电源开关、拔出插头；取出温度计，擦拭干净；取出试管、套管，将油倒出，清洗干净，控干待用。

4)注意事项

(1)如试样在24h前曾加热到高于45℃的温度，或不知其加热情况则在室温下保持试样24h后再做实验。

(2)实验前要校验温度计的冰点，如其冰点偏离0℃，且超过1℃时，则应进一步检验或重新校正。

(3)转移试管时，套管可留在浴中，也可与试管一起移动，但决不能将冷的试管直接放到浴内。

(4)对于深色油、汽缸油和非馏分燃料油按此方法所述步骤进行实验，所得的结果是上(最高)倾点。如有需要，可在搅拌的情况下加热试样到(105 ±1)℃，并倒入试管，冷却至(36 ±1)℃，再按此实验步骤测得的为下倾点。

(5)仪器要避免在倾斜状态下工作，搬运时倾斜角小于45°。

(6)压缩机关闭后，必须5min以后再启动，不允许频繁开闭。

(7)仪器在工作过程中出现不正常声音时，应立即停机检查。

(8)长时间不使用仪器，应抽出浴内乙醇，密封贮存。

5.4.4 水分测定

1)实验原理

一定量的试样与无水溶剂混合，通过水和溶剂的密度差异进行蒸馏测定其水分含量并以百分数表示。

2)实验仪器

实验采用JSR3303型石油产品水分测定仪，主要由加热套、支管架、冷凝管、接收器及圆底烧杯组成，如图5－27所示。

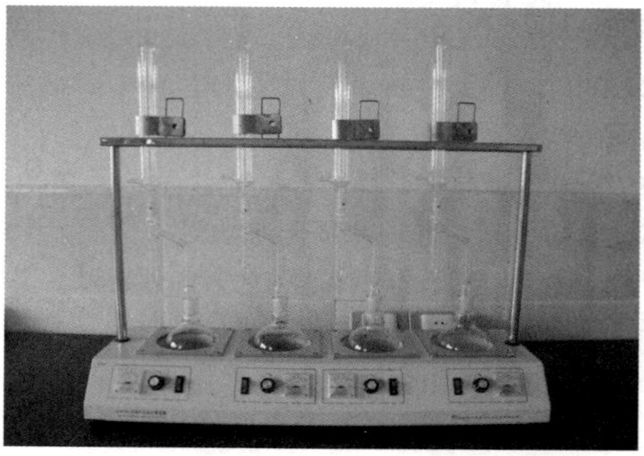

图5－27 JSR3303型石油产品水分测定仪示意

3)实验过程

(1)把仪器水平放在工作台上，将冷凝管固定在支架上。用乳胶管连接冷却水水龙头出口和冷凝管进口，冷凝管出口用乳胶管连接到水池。

(2)摇动试样5min，使之充分混合。

(3)用圆底烧瓶称取摇匀的试样100g，称准至0.1g。用量筒取100mL溶剂油，注入圆底烧瓶。将圆底烧瓶中的混合物摇匀后，投入少量瓷片或浮石。

(4)用圆底烧瓶放入加热套，把接收器支管安装在圆底烧瓶上。在接收器上连接直管式冷凝管。安装时，冷凝管与接收器的轴心线要重合，冷凝管下端的斜口切面要与接收器的支管管口相对。

(5)冷凝管上端用棉花塞住，以免空气中的水蒸气进入冷凝管凝结。

(6)打开电热器电源，将温度调节至150℃，待有液体回流时，调节加热电压控制加热功率，使回流速度保持在冷凝管的斜口每秒滴下2~4滴液体。

(7)蒸馏将近完毕时，如冷凝管内壁沾有水滴，调节电压旋钮，使圆底烧瓶中的混合物在短时间内剧烈沸腾，利用冷凝的溶剂将水滴尽量洗入接收器中。

(8)当接收器中收集的水体积不再增加，且溶剂的上层完全透明时，应停止加热。总回流时间不应超过1h。

(9)停止加热后，如冷凝管内壁沾有水滴，从冷凝管上端边倒溶剂油边用金属丝或细玻璃棒带有橡皮或塑料头的一端，把冷凝管内壁的水滴刮进接收器。

(10)圆底烧瓶冷却后，将仪器拆卸，静置10min至油水界面分明，读出接收器中收集水的体积，试样水分少于0.03%，记录为痕迹，接收器中没有水存在，记录为无水，实验完成后，先将电压调节旋钮逆时针方向调节到起点，再关闭电源开关。

4)注意事项

(1)仪器采用交流220V电源供电，为保证操作安全，仪器须接地良好，防止触电。

(2)仪器电源插头与插座、保险必须接触良好，若因接触不好出现打火现象，将极有可能烧坏电压调节部分。

(3)稠的或含石蜡的石油产品在进行摇匀前，应先加热到40~50℃，以便混合均匀。

(4)当接收器中溶剂呈现浑浊，而且管底收集的水不超过0.3mL时，可将接收器放入热水浸泡20~30min，使溶剂澄清，再将接收器冷却到室温，读出管底收集水的体积。

(5)每次做完实验后，电压调节旋钮都应逆时针方向旋回到起点，然后再关闭电源开关。

(6)电加热套不允许在空载下满功率干烧。为保证加热套使用寿命，禁止将油及其他溶剂或金属掉在加热套内。

5.4.5 机械杂质测定

1)实验原理

称取一定量的试样，溶于所用的溶剂中，用已恒重的滤器过滤，被留在滤器上的杂志即为机械杂质。

2)实验仪器

实验采用JSR4201石油产品和添加剂机械杂质测定仪，主要由抽气泵、水浴锅、红外加热灯、吸滤瓶及漏斗组成，其外形如图5-28所示。

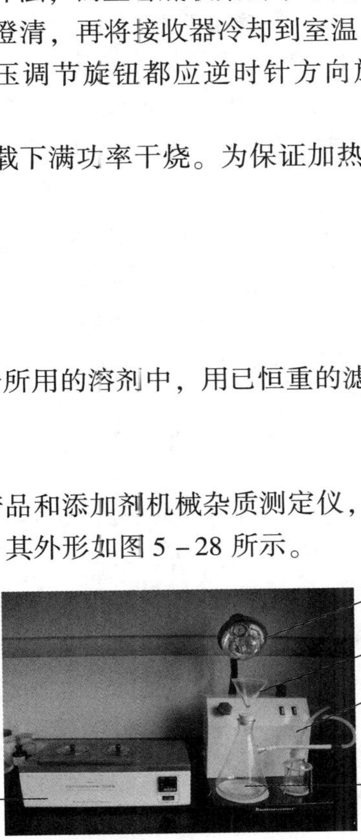

图5-28 JSR4201石油产品和添加剂机械杂质测定仪示意

3)实验过程

(1)将容器中的试样(不超过容器容积的3/4)摇动5min，使混合均匀。润滑油添加剂加热至70～80℃，然后用玻璃棒仔细搅拌5min。

(2)将滤纸放在清洁干燥的称量瓶中称量。

(3)带滤纸的敞口称量瓶放在烘箱内，在(105±2)℃条件下干燥不少于45min，然后放在干燥器中冷却30min(称量瓶的瓶盖应盖上)后进行称量，称准至0.0002g。重复干燥(第二次干燥只需30min)及称量，直至连续两次称量间的差数不超过0.0004g。

(4)称取100g样品(100℃运动黏度不大于20mm^2/s)，量取300mL溶剂油。称取50g样品(100℃运动黏度大于20mm^2/s)，量取250mL溶剂油。将加热至40℃溶剂油加入均匀试样内混合。

(5)将恒重好的滤纸放在玻璃漏斗中。用橡皮塞把过滤漏斗安装在吸滤瓶上，然后将吸滤瓶与真空泵连接。滤纸用溶剂润湿，使它与漏斗壁紧贴，倒入的溶液高度不应超过滤纸高度的3/4，当前一部分溶液流尽后，再加入新的一部分溶液。抽滤速度应控制在使滤液呈滴状，但不允许呈线状。

(6)难以过滤的试样，可打开红外线灯泡对漏斗中的油进行加热。热过滤时不应使所过滤的溶液沸腾，溶剂油溶液加热不超过40℃。

(7)在过滤结束后，对带有沉淀物的滤纸用装有不超过40℃溶剂油的洗瓶进行清洗，直至滤纸上不再留有试样痕迹，而且使滤出的溶剂完全透明和无色为止。

(8)在测定带添加剂润滑油的机械杂质时，允许使用热蒸馏水冲洗残渣。对带有沉淀物的滤纸用溶剂冲洗后，在空气中干燥10～15min，然后用200～300mL加热到80℃的蒸馏水冲洗至滤液中没有氯离子为止，并用0.1mol/L的$AgNO_3$溶液检验滤液中氯离子的存在，滤液不混浊即为无Cl^-。

(9)将带有沉淀物的滤纸冲洗完毕后放入过滤前所对应的称量瓶中，将敞口称量瓶放在(105±2)℃的烘箱内干燥不少于45min。然后放在干燥器中冷却30min(称量瓶的瓶盖应盖上)后进行称量，称准至0.0002g，重复干燥及称量至两侧连续称量间的差数不超过0.0004g为止。

(10)做实验时，应同时进行溶剂的空白实验补正。

4)注意事项

(1)实验所用仪器主机及水浴采用交流220V电源供电，为保证操作安全，仪器必须良好接地，防止触电。

(2)所用试剂在使用前均应过滤，并做溶剂的空白实验补正。

(3)试样用的溶剂油均应在水浴上预热，在预热时，不应使溶剂油沸腾。

(4)用真空泵时，应打开出气孔。

(5)仪器长期不使用时，应将水浴内水放掉并将表面擦拭干净，用所配备布罩盖好。

(6)水浴在打开电源开关前，必须注入足量的水，否则会烧坏电热管。

(7)真空泵中的油液应保持在2/3刻度线处，使用完毕后，应盖上出气孔和吸气孔。

5.4.6 泡沫特性测定

1)实验原理

当试样在24℃时，用恒定流速的空气吹气5min，然后静置10min。在每个周期结束时，分别测定试样中的泡沫体积。取第二份试样，在93.5℃环境下进行实验，当泡沫消失后，再在24℃环境下进行重复实验。

2)实验仪器

实验采用JSH0402润滑油泡沫特性实验仪，主要由投入式制冷器、计时器、水浴锅、加热搅拌电机、流量计及空压机组成，如图5－29所示。

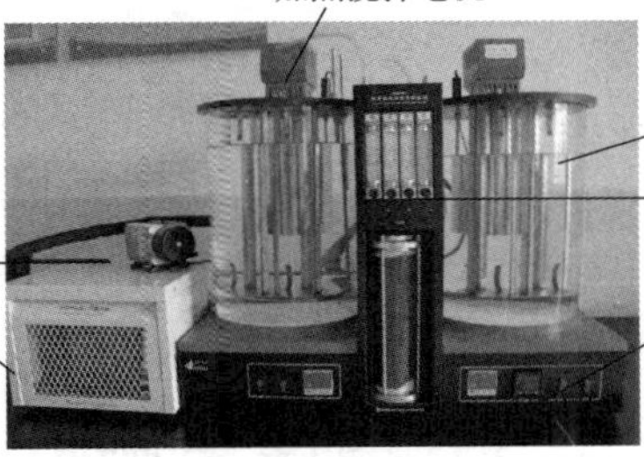

图5－29　JSH0402润滑油泡沫特性实验仪示意

3)实验过程

(1)将试样倒入量筒至190mL刻度线处，再将量筒浸入24℃浴中，至少浸没至900mL刻度线处，使其固定防止上浮。当油温达到浴温时，塞上塞子，连上扩散头及与空气源连接的进气管，扩散头浸泡约5min后，调节空气流速为(94±25)mL/min。从气体出现第一个气泡开始计时，通气5min±3s立即记录泡沫体积，精确至5mL。静置量筒10min±10s，再次记录泡沫的体积。

(2)将第二份试样倒入量筒至180mL刻度线处，再将量筒浸入93.5℃浴中，至少浸没至900mL刻度线处，使其固定防止上浮。当油温达到浴温时，塞上塞子，连上扩散头及与空气源连接的进气管，扩散头浸泡约5min后，调节空气流速为(94±25)mL/min。从气体出现第一个气泡开始计时，通气5min±3s立即记录泡沫体积，精确至5mL。静置量筒10min±10s，再次记录泡沫的体积。

(3)用搅动的办法破坏步骤中产生的泡沫，将量筒置于室温，使试样冷却至低于43.5℃，然后将量筒放入24℃的浴中。当试样温度达到浴温后，插入进气管和扩散头，扩散头浸泡约5min后，调节空气流速为(94±25)mL/min。从气体出现第一个气泡开始计时，通气5min±3s立即记录泡沫体积，精确至5mL。静置量筒10min±10s，再次记录泡沫的体积。

4)注意事项

(1)仪器采用交流220V电源供电，为保证操作安全，接地必须良好，防止触电。

(2)整个实验过程不超过3h。

(3)24℃低温浴缸采用水介质，其工作温度不宜高于50℃；93.5℃高温浴缸采用水介质，其工作温度不宜高于100℃。

(4)当试样做24℃实验时，如果外界温度高于24℃，应接通循环水路打开制冷开关。当外界温度低于24℃时，无须开启制冷开关；冷却系统水压应为0.05MPa，水温小于或等于25℃；冷却水进出水口，在控制箱背部下方，进水胶管接上进水口，回水胶管接下出口。

(5)本实验所用仪器高、低温浴内必须先加水或其他介质至水位刻度线后方能打开加热开关，否则将会烧坏电热管。

(6)长期不使用仪器时，应将其擦拭干净并用布罩罩好。

(7)干燥塔位于仪器前面中间部位，为一有机玻璃圆筒，使用时，应依次装入20mm的脱脂棉、110mm的干燥剂、40mm的变色硅胶、30mm的干燥剂及20mm的脱脂棉；如塔中变色硅胶出现变色现象，须将干燥塔拉出，拧下其中的上、下盖子，更换新的干燥剂。

(8)检查浴缸内液体是否混浊，若混浊及时更换水浴。

(9)量筒的清洗。先用溶剂油清洗、干燥后，再依次用蒸馏水、丙酮洗涤，最后用清洁、干燥的空气吹干。

(10)气体扩散头的清洗：依次将其浸泡在适量的溶剂油、甲苯、石油醚中，通过抽吸及压气的方式，在每种洗涤液中至少反复洗涤五次，然后再用清洁、干燥的空气将其彻底吹干。

5.5 腐蚀监测分析

腐蚀是材料在环境的作用下遭到破坏或出现变质，其危害非常巨大。腐蚀挂片监测作为腐蚀监测最基本的方法之一，具有操作简单，数据可靠性高等特点，可作为设备和管道选材的重要依据，能更有效、更直观地反映高含硫气田管道的腐蚀情况。

5.5.1 测挂片腐蚀速率(重量法)

1)实验原理

将试片悬挂在待测样品中，根据实验前后试片的质量差计算平均腐蚀速率。

重量法是测量挂片平均腐蚀速率较为经典的方法，它适用于实验室实验和现场试验，是测定金属腐蚀速率最可靠的方法之一，是其他金属腐蚀速率测定方法的基础。重量法是根据腐蚀前、后金属试件质量的变化来测定金属腐蚀速率的。

2)实验仪器

实验用仪器为万分之一天平。

3)实验过程

(1)清洗去油。将试样表面残屑除尽，用浸过丙酮的棉花球擦拭，除去表面油污，无水乙醇脱水后，滤纸吸干。然后用电吹风干燥(用冷风)。清洗后的试样不能再直接用手拿取防止手上油脂残留，需放在干净的滤纸上。挂片应用滤纸包好，放在干燥皿中至少4h以后再做实验。

(2)称初重。干燥后的试样用万分之一天平称取初重，准确到0.1mg，称量两次，取平均值，记为m_0。

(3)浸入实验溶液。试样称重后立即穿上塑料线，浸入实验溶液内(记下浸入时间)。每种实验溶液内挂2块平行试样。(注意试样不能彼此接触，也不能与容器接触。)试样浸入深度应大致相同。其上端距液面应大于2cm。观察并记录试样浸入溶液后发生的现象。

(4)实验时间指从试样浸入实验溶液并达到恒定温度时开始，直到试样取出时为止的整段时间。由于挂片在不同浓度的腐蚀溶液中的腐蚀速度相差很大，不同体系的实验时间应根据具体情况确定，最常用的实验周期是48～168h，对强腐蚀性溶液实验周期取下限，弱腐蚀性溶液实验周期取上限，现场挂片试验周期可适当延长。

(5)清除腐蚀产物。取出试样前应仔细观察试样表面和溶液中的变化。取出试样(记下时间)后观察试样表面腐蚀产物的形态和分布。将试样放在自来水流下冲洗，用无水乙醇清洗试样，用毛刷刷去疏松的腐蚀产物，再次观察试样表面状态。

(6)对于集气站现场管线中取回的挂片，上面附着物一般比较多，清洗较困难，应用以下方法处理。打开包装纸，用脱脂棉擦拭挂片表面的油泥或者腐蚀物，但一定要避免人为的损坏，不可出现人为刮痕等；将挂片从包装纸中取出，用丙酮或者石油醚清洗挂片表面，去除挂片表面的油或者油泥；将经过丙酮或者石油醚清洗的挂片用无水乙醇清洗两遍，并且用脱脂棉擦拭表面的酒精，使其表面无明显水珠；将清洗干净的挂片快速放于干燥好的过滤纸上，用吹风机(冷风挡)快速吹干挂片，并且不时地用镊子翻转挂片，以使挂片全部部位都能干燥；将吹干的挂片用干燥的过滤纸包好，放在干燥皿中至少4h，记录挂片编号及清洗日期，等待称重。

(7)称腐蚀后重量。用万分之一天平称质量，准确到0.1mg，称量两次，取平均值。恒重后的质量作为腐蚀后质量，记为m_1。

4)计算

$$\overline{V}=8.76\times10^4(m_0-m_1)/(St\rho) \quad (5-17)$$

式中 $\overline{V}$——年平均腐蚀速率，mm/a；

m_0——初重，g；

m_1——腐蚀后质量，g；

S——试件暴露在腐蚀介质中的表面积，cm^2；

t——试件腐蚀的时间，h；

ρ——实验金属材料密度，g/cm^3。

5)注意事项

(1)在挂片经过第二轮无水乙醇清洗后的所有过程，都不能用手直接接触挂片，用缠有棉花的镊子，或手上戴有干净、干燥的手套才能进行后续的工作。对所有清洗后的挂片进行拍照，要求正反两面都需要拍照，用完之后立即封存好，便于以后过塑、保存。

(2)对于现场取回的挂片，要记录好挂片所对应的监测点位置及挂片编号(在取回的挂片包装纸上都有)。

(3)对于从集气站现场管线中取出的挂片，从实验步骤开始操作，称量并计算其平均腐蚀速度，初重m_0一般为前次分析的腐蚀后称重值。

5.5.2 点蚀多参数分析仪测腐蚀深度、腐蚀面积

1)实验原理

实验采用显微法，只要光在蚀坑底可以聚焦，就可采用这种方法。将金属表面的单个蚀坑放在低倍物镜正中，增加物镜的倍数知道蚀坑面积占有视野的大部分，在蚀坑的边缘先粗调后微调进行聚焦，记录最初微调旋钮的读数，用微调旋钮在蚀坑底聚焦，记录旋钮读数。微调旋钮最初读数与最后读数的差值就是蚀坑的深度。

2)实验仪器

测试金属试件的腐蚀深度和腐蚀面积可使用点蚀多参数分析仪，如图 5-30 所示。

3)实验过程

(1)点蚀多参数分析仪测量腐蚀深度步骤，测试过程如图 5-31～图 5-33 所示。

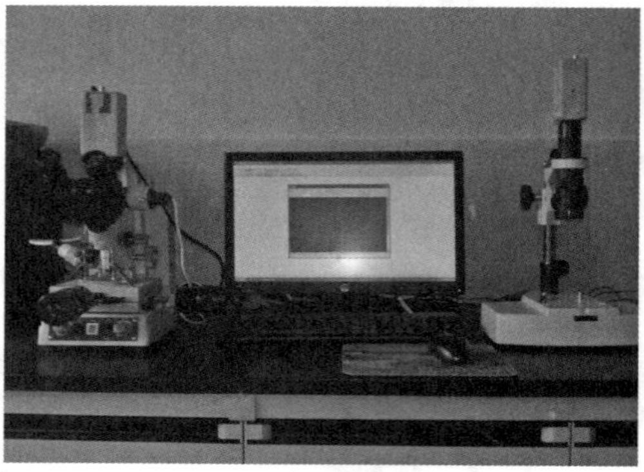

图 5-30　点蚀多参数分析仪示意

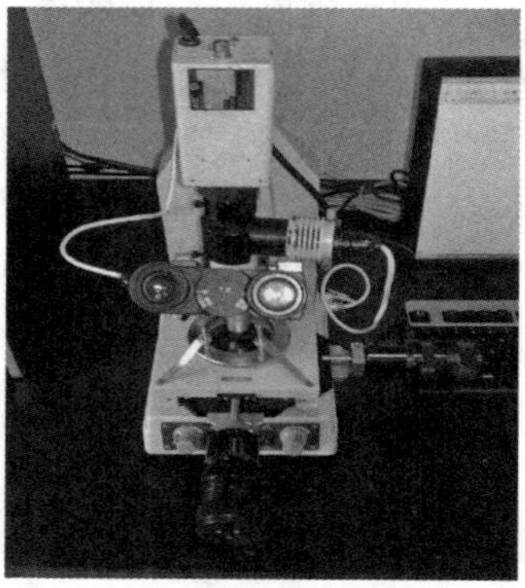

图 5-31　点蚀多参数分析仪测深部分示意

打开计算机“ImageMeasure”测量软件：点击左上第二行“图像捕捉”(图 5-32)。

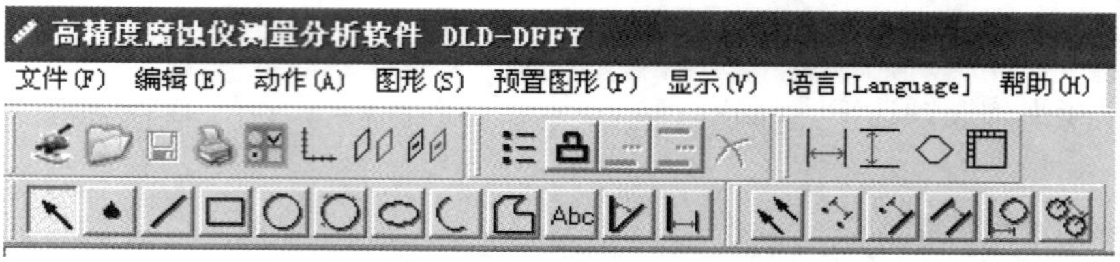

图 5-32　点蚀多参数分析仪界面示意

点“格式”下拉框选 768×576，“按实际大小显示”“显示十字线”均打上“√”(图 5-33)。

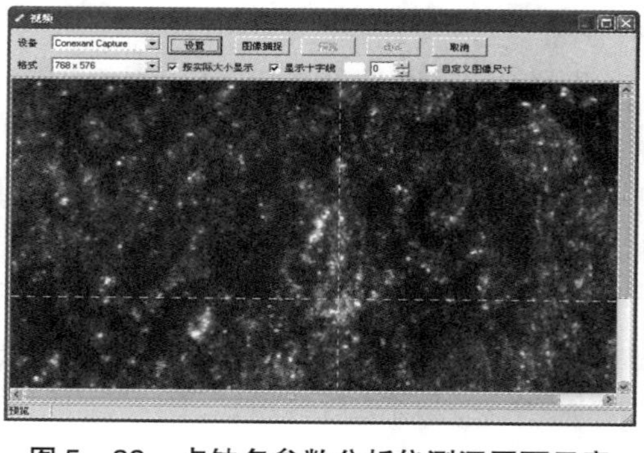

图 5-33　点蚀多参数分析仪测深画面示意

选择未被腐蚀或被腐蚀很少的最光洁平滑面为参照基准面，用右手上下旋转测深腐蚀电子显微镜的调焦距旋钮，至所测点非常清晰后(标准是将参照的某点显示得最清楚)按下腐蚀电子显微镜的深度万分表的归零按键，高度将自动归零。此时完成参照基准面高度的测量。选择被腐蚀最深的坑为测深面，用右手上下旋转测深腐蚀电子显微镜的调焦距旋钮，至所测深面非常清晰后(标准是测深面某个点特征显示得最清楚)读取腐蚀电子显微镜的深度万分表显示的高度数据。

用最深坑相对高度减去参照基准面高度即得到腐蚀最深坑的深度。在软件窗口界面中点“图像捕捉”→“确定”，点“Test(测试)”标注图像测量点数据，必要时找出合适的色块，在“文件”点“保存图像文件”图像自动保存至电脑。将上述两项的成像图和数据打印，此时完成最深坑深度的检测报告。

测其他腐蚀坑的深度，操作步骤同上，所得数据取平均值后即得到平均腐蚀深度。

(2)点蚀多参数分析仪测量腐蚀面积步骤。

点蚀多参数分析仪测面部分示意见图 5－34。

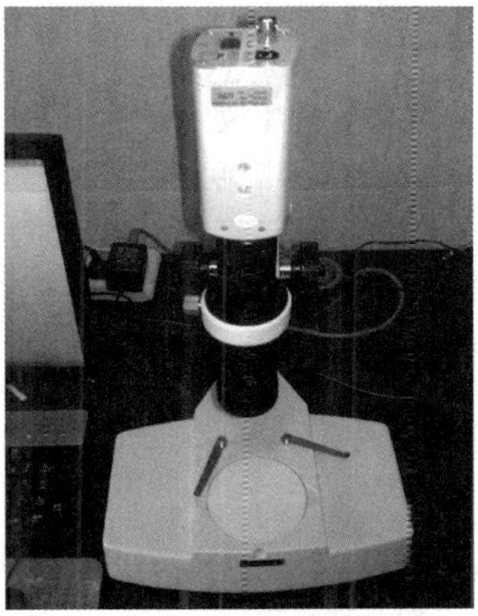

图 5－34　点蚀多参数分析仪测面部分示意

将测深腐蚀电子显微镜上的真彩摄像机信号线取出，安装至测面腐蚀电子显微镜 CCD 上，打开测面仪显微镜开关调整倍数，在圆形工作台上放置标尺，转动圆形盘调整标尺纵横线，依次点击“图像捕捉”→“确定”→“定标”→“水平定标”，光标从左向右拉入 n 格；在“定标尺寸”处填写“n”后点击“垂直定标”，光标从上向下拉入 n 格，在“定标尺寸”处填写“n”→“确定”；在第一行依次选择“动作”→“标尺信息与管理”→“保存当前标尺”→“选用”→“确定”(下划线部分为第一次调试或软件重装时操作)，其定标界面示意见图 5－35，标尺选择界面示意见图 5－36。

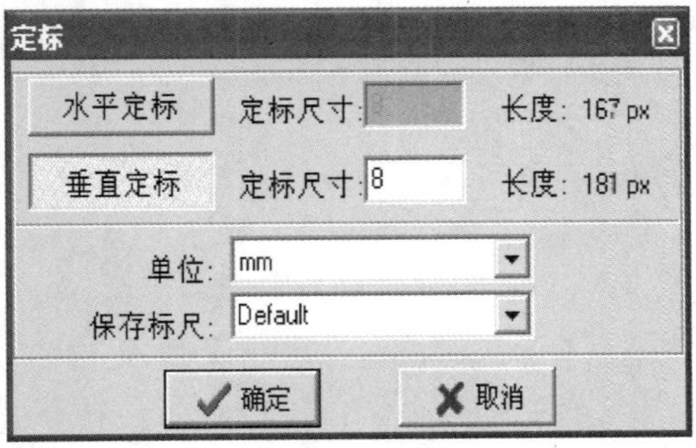

图 5－35　定标界面示意

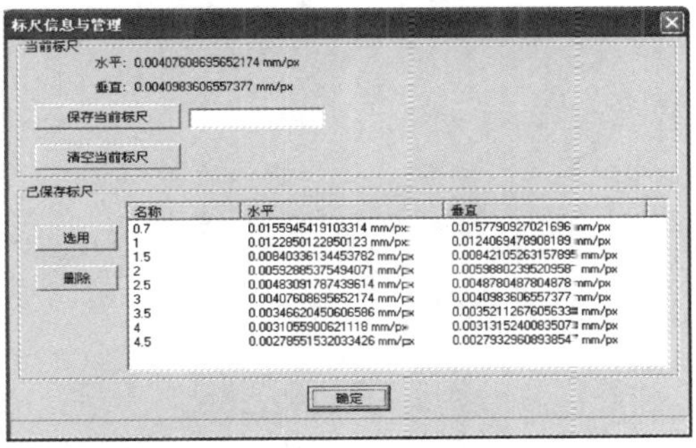

图 5－36　标尺选择界面示意

选择腐蚀挂片完整的面，用右手上下旋转测面腐蚀电子显微镜的调焦距旋钮，至所测面较清晰后，在软件窗口界面中点击“图像捕捉”→“确定”。

在第一行依次点击“动作”→“标尺信息与管理”→选出显微镜的倍数对应的参数“选用”→“确定”；然后点击“”(多边形)，用鼠标在测面成像中沿已被腐蚀面的明显边界，画出封闭的多折曲线圈闭测量面(数字显示圈闭长度)，同理圈闭另一个测量面，见图 5－37。

点击“”(全部图形属性)可看到全部测量面的周长和面积，点击“导出到 Excel”。

在第一行左上角依次点击“文件”→“保存图像文件”完成所有的测面工作。

(3)清洗。使用绒布和酒精清洁载物台，光学镜头片和灯光片的清洁应用镜头纸。

4)注意事项

(1)挂片前期处理中注意通风，可能挂片的附着物含有有毒物质，尤其是普光气田的特殊性，表面含有硫化物或者其他成分。

(2)真彩摄像机在测深腐蚀电子显微镜和测面腐蚀电子显微镜两者中转换使用时，动作应轻柔小心，严禁进入汽油。

(3)腐蚀挂片放入载物台前应用石油醚或丙酮清洗干净，并烘干或吹干以防止损坏载物台和影响测试精度。

(4)安装时，腐蚀电子显微镜与电脑连接，此时应切断显微镜的电源。

(5)仪器不使用时，用防辐射软布罩盖，防止灰尘进入和强光照射，以保护仪器中光学器件。

思考与练习

1. 气相色谱仪使用中分离度较差的原因有哪些？
2. 含油量测定的数据偏离正常值过多的原因是什么？
3. 测定水样的悬浮物的影响因素有哪些？
4. 简述石油产品测倾点的误差来源。
5. 气体扩散头的洗涤方法是什么？
6. 润滑油水分测定有哪些注意事项？

第 6 章　天然气净化系统化验分析

天然气净化系统主要包括脱硫、脱水、硫黄回收、尾气处理、硫黄成型和酸性水汽提单元，采用 MDEA 法脱硫、三甘醇法脱水、常规克劳斯二级转化法回收硫黄、加氢还原吸收尾气处理和酸水汽提的工艺技术路线，对进厂原料、出厂产品质量检验及生产过程控制指标的检测提出更高的要求。结合天然气净化厂工艺实际运行，主要对工业硫黄、天然气、锅炉水、循环水、污水、生活饮用水、MDEA、TEG、盐酸、氢氧化钠、润滑油等开展检测分析。

6.1　工业硫黄分析

工业硫黄主要分为固体工业硫黄和液体工业硫黄。固体工业硫黄有块状、粉状、粒状和片状等，呈黄色或者淡黄色。固体工业硫黄按产品质量等级分为 A 级、B 级和 C 级，主要包括硫含量、水分、灰分、酸度、铁、砷和有机物的分析，技术指标要求见表 6－1。液体工业硫黄按产品质量等级分为优等品、一等品和合格品，主要包括硫含量、水分、灰分、酸度、铁、砷、有机物、H_2S 和多硫化氢(以 H_2S 计)的分析，技术指标要求见表 6－2。

表 6－1　工业硫黄技术指标

项　目		技术指标		
		A 级	B 级	C 级
硫的质量分数(以干基计)/%	≥	99.95	99.50	99.00
水分的质量分数/%	≤	2.0	2.0	2.0
灰分的质量分数(以干基计)/%	≤	0.03	0.10	0.20
酸度的质量分数(以 H_2SO_4 计)(以干基计)/%	≤	0.003	0.005	0.02
有机物的质量分数(以 C 计)(以干基计)/%	≤	0.03	0.30	0.80
砷的质量分数(以干基计)/%	≤	0.0001	0.01	0.05
铁的质量分数(以干基计)/%	≤	0.003	0.005	—

表 6－2　液体硫黄技术指标

项　目		指　标		
		优等品	一等品	合格品
外观		常温下呈黄色或淡黄色，无肉眼可见杂质		
硫的质量分数(以干基计)/%	≥	99.95	99.50	99.20
水分的质量分数/%	≤	0.10	0.20	0.50

续表

项 目		指 标		
		优等品	一等品	合格品
灰分的质量分数(以干基计)/%	≤	0.02	0.05	0.20
酸度的质量分数(以 H_2SO_4 计)(以干基计)/%	≤	0.003	0.005	0.01
有机物的质量分数(以 C 计)(以干基计)/%	≤	0.03	0.10	0.30
砷的质量分数(以干基计)/%	≤	0.0001	0.001	0.01
铁的质量分数(以干基计)/%	≤	0.003	0.005	0.02
H_2S 和多硫化氢(以 H_2S 计)/%	≤	0.0015	0.0015	0.0015

样品制备：将取得的试样磨碎至可通过孔径为 2.00mm 的实验筛(粉状硫黄不必研磨)。用缩分法分成两份，一份供测定水分的质量分数、200℃时残渣的质量分数用。另一份继续磨碎至可通过孔径为 600μm 的实验筛，用缩分法分成两份，一份供测定灰分的质量分数、有机物的质量分数、铁的质量分数用；另一份继续磨碎至可通过孔径为 250μm 的实验筛，供测定硫的质量分数(重量法)、酸度的质量分数和砷的质量分数用。

采样瓶应清洁、干燥，用止水夹夹住聚四氟乙烯管，称量液硫采样装置(包括 2 个止水夹)的质量，精确到 1.0g。用采样瓶从液体硫黄贮存容器的采样口采集约 300g 硫黄样品，立即用橡胶塞密封锥形瓶的瓶口。冷却至室温后，称量试料连同取样装置的质量，精确到 1.0g。两次称量的质量差即为试料的质量。液硫采样装置结构见图 6－1。

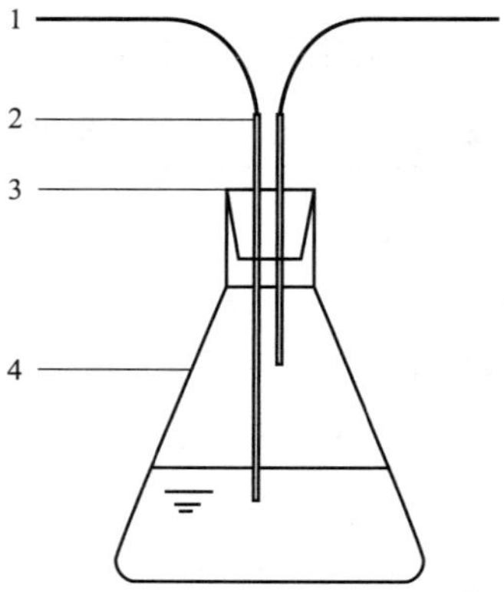

图 6－1 液硫采样装置结构示意

1—聚四氟乙烯管；2—玻璃管；3—橡胶塞；4—采样瓶

6.1.1 硫质量分数的测定

1)实验原理

通过扣除杂质(灰分、酸度、有机物和砷)的质量分数总和的方法，算得工业硫黄中的硫的质量分数。

2)计算

$$w_1 = [1 - (w_3 + w_4 + w_5 + w_6)] \times 100\% \quad (6-1)$$

式中　w_1——硫的质量分数,%；

w_3——灰分的质量分数,%；

w_4——酸度的质量分数,%；

w_5——有机物的质量分数,%；

w_6——砷的质量分数,%。

6.1.2　水分质量分数的测定

1)恒温干燥法

(1)实验原理。

试料在恒温干燥箱中于80℃条件下干燥，称出其失去的质量即失去水的质量。

(2)实验仪器。

称量瓶：直径70mm，高度35mm。

恒温干燥箱：可控制温度(80±2)℃。

(3)实验过程。

称取约25g硫黄试样，精确至0.01g，置于已预先在(80±2)℃条件下干燥至恒重的称量瓶中，记录称量瓶和试料的总质量，精确至0.0001g。将盛有试料的称量瓶放入温度控制在(80±2)℃的恒温干燥箱内干燥3h，取出放在干燥器中冷却至室温，称量，精确至0.0001g。重复以上操作，直至连续两次称量相差不超过0.0020g。如果干燥总时间超过16h仍未恒重，则记录最后一次称量结果。

(4)计算。

$$w_2 = \frac{m_1 - m_2}{m} \times 100\% \qquad (6-2)$$

式中　w_2——水分的质量分数,%；

m_1——干燥前称量瓶和试料的总质量，g；

m_2——干燥后称量瓶和试料的总质量，g；

m——试料的质量，g。

2)卤素水分测定仪法

(1)实验原理。

同恒温干燥箱失重法原理。通过卤素灯加热，使样品在设定的温度下均匀而快速地失去水分，称量其减少的质量即为失去水的质量。

(2)实验仪器。

卤素水分测定仪：称量精确至0.001g，可控温度(80±1)℃。

(3)实验过程。

卤素水分测定仪法温度设置于(80±1)℃，选择稳定时间为3min，称取5~10g试样，记录试料质量m_3，置于称量盘上，摇匀，使样品均匀平铺在称量盘上。开始称重，3min内称量变化不超过1mg，记录失重后试样质量m_4，精确至0.001g。

(4)计算。

$$w_2 = \frac{m_3 - m_4}{m} \times 100\% \qquad (6-3)$$

式中 w_2——水分的质量分数,%;

m_3——干燥前试料的质量，g;

m_4——干燥后试料的质量，g;

m——试料的质量，g。

6.1.3 灰分质量分数的测定

1)实验原理

在空气中缓慢燃烧试料，然后置于可控温度800~850℃高温电炉中灼烧，冷却，称量。

2)实验仪器

石英皿(或瓷皿)：容量50~100mL。

高温电炉：可控制温度800~850℃。

3)实验过程

称取约25g试样，精确至0.01g，置于已于800~850℃灼烧至恒重的石英皿中，然后置于通风橱内电热板上使硫黄缓慢燃烧。燃烧完毕后，将石英皿移入高温电炉内，在800~850℃下灼烧40min。取出石英皿，稍冷后置于干燥器中，冷却至室温后称量，要求精确至0.0001g。重复以上操作，直至连续两次称量相差不超过0.0003g。

4)计算

$$w_3 = \frac{m_6 - m_5}{m \times (1 - w_2)} \times 100\% \tag{6-4}$$

式中 w_3——灰分的质量分数,%;

m_6——石英皿和灰分的质量，g;

m_5——石英皿的质量，g;

m——试料的质量，g;

w_2——水分的质量分数,%。

6.1.4 酸度质量分数的测定

1)实验原理

用水-异丙醇混合液萃取硫黄中的酸性物质，以酚酞为指示剂，用氢氧化钠标准滴定溶液滴定。

2)实验过程

称取硫黄试样约25g，精确至0.01g，置于250mL具磨口塞的锥形瓶中，加25mL异丙醇，盖上瓶塞，使硫黄完全润湿；然后加50mL水，塞上瓶塞，摇振2min，放置20min，其间不时地摇振；加3滴酚酞指示液，用氢氧化钠标准滴定溶液(0.05mol/L)滴至粉红色并保持30s不褪色。同时做空白实验。

3)计算

$$w_4 = \frac{(V - V_0)cM}{2000m \times (1 - w_2)} \times 100\% \tag{6-5}$$

式中　w_4——酸度的质量分数,%；

V——滴定时耗用氢氧化钠标准滴定溶液的体积，mL；

V_0——空白实验耗用氢氧化钠标准滴定溶液的体积，mL；

c——氢氧化钠标准滴定溶液浓度，mol/L；

m——试料的质量，g；

w_2——水分的质量分数,%；

M——硫酸的摩尔质量，g/mol（M=98.08g/mol）。

6.1.5　有机物质量分数的测定

1)实验原理

硫黄试料在温度为250℃和800℃两次灼烧后，所得残余物质质量差即为灼烧过程有机物的损失。

2)实验仪器

石英皿(或瓷皿)：容量50~100mL。

恒温干燥箱：能控制温度(250±2)℃。

高温电炉：能控制温度800~850℃。

3)实验过程

称取约50g硫黄试样，精确至0.01g。置于预先恒重的瓷皿中，在砂浴(或可调温电炉)上熔融并燃烧试料后(注意温度控制不要高于250℃，也可在点燃后从砂浴上拿开)，将瓷皿与残余物在恒温干燥箱中于250℃下烘干2h，以除去微量硫。将瓷皿与残余物(由有机物和灰分组成)移入干燥器，冷却至室温，称量精确至0.0001g。将带有残余物的瓷皿在高温电炉内于800~850℃灼烧40min，在干燥器中冷却至室温后称量，精确至0.0001g。重复操作直至恒重。由250℃和800℃温度下两次称量的质量差计算出有机物的质量分数。

4)计算

$$w_5=\frac{m_7-m_8}{m\times(1-w_2)}\times100\% \qquad (6-6)$$

式中　w_5——有机物的质量分数,%；

m_7——250℃灼烧后石英皿和残余物的质量，g；

m_8——800℃灼烧后石英血和残余物的质量，g；

m——试料的质量，g；

w_2——水分的质量分数,%。

6.1.6　铁质量分数的测定

1)实验原理

试料燃烧后，其残渣溶解于硫酸中，用氯化羟胺还原溶液中的铁，在pH为2~9的条件下，二价铁离子与1，10-菲啰啉反应生成橙色络合物，对此络合物进行吸光度测定。

2)实验仪器

分光光度计：具有510nm波长。

高温电炉：能控制温度600~650℃。

3）实验过程

（1）试液的制备。

在50mL瓷坩埚中称取约25g硫黄试样，精确至0.01g。在电炉上缓慢地加热燃烧坩埚中的硫黄，燃烧完毕后，移至高温电炉中在温度600℃下灼烧30min。取出冷却，加5mL（1+1）硫酸溶液，在砂浴（或可调温电炉）上加热使残渣溶解，蒸干硫酸。冷却后，加2mL（1+10）盐酸溶液，20mL水，再加热溶解残渣，冷却后移入100mL容量瓶中，稀释至刻度，摇匀，备用。

（2）工作曲线的绘制。

取5只50mL容量瓶，分别加入铁标准溶液（10μg/mL）0mL、2.50mL、5.00mL、7.50mL、10.00mL。对每只容量瓶中的溶液做以下处理：加水至约25mL，加入2.5mL氯化羟胺溶液（10g/L）和5mL乙酸-乙酸钠缓冲溶液（pH≈4.5），5min后加5mL 1，10-菲啰啉溶液（1g/L），用水稀释至刻度，摇匀，放置15～30 min，显色。在510nm波长处，用1cm比色皿，以不加铁标准溶液的空白溶液作参比，用分光光度计测定上述溶液的吸光度。以上述溶液中铁的质量（μg）为横坐标，对应的吸光度值为纵坐标，绘制工作曲线或根据所得吸光度值计算出线性回归方程。

（3）测定。

量取一定量的试液，使其相应的铁质量在50～100μg，置于50mL容量瓶中，加水至约25mL，然后按（2）中的步骤进行。同时做空白实验。

（4）计算。

$$w_7 = \frac{m_9 \times 10^{-6}}{m \times (1 - w_2)} \times 100\% \qquad (6-7)$$

式中 w_7——铁的质量分数，%；

m_9——从工作曲线上查得的或用线性回归方程计算出铁的质量，μg；

m——试料的质量，g；

w_2——水分的质量分数，%。

6.1.7 H_2S 和多硫化氢质量分数的测定

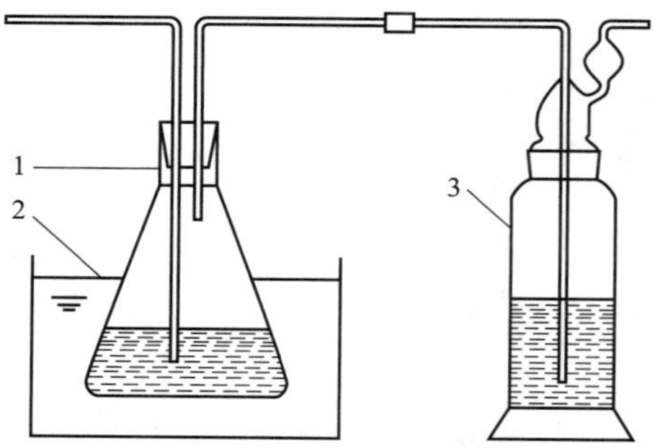

图6-2 H_2S 吹扫和吸收装置示意

1—采样装置；2—控温油浴；3—洗气瓶

1）实验原理

使试料在温度（145±2）℃的油浴中处于熔融状态，用 N_2 吹扫试料中的 H_2S，并用乙酸锌溶液与吹扫出的 H_2S 气体反应，生成硫化锌沉淀。在酸性溶液中，硫化锌与碘反应，过量的碘用硫代硫酸钠标准滴定溶液滴定，根据碘的消耗量可计算出 H_2S 的质量分数。

2）H_2S 吹扫和吸收装置

H_2S 吹扫和吸收装置见图6-2。

3）实验过程

在通风良好的通风橱内，将盛有试料的锥形瓶置于室温的控温油浴中，并按图6-2连接好 H_2S 吹扫和吸收装置，将油浴温度缓慢升至(145±2)℃。待试料完全熔融后，以约150mL/min的流速通入N_2(纯度99.9%以上)，吹扫至少60min。

取下盛有30g/L乙酸锌溶液的洗气瓶，将溶液转移至碘量瓶中，用水冲洗玻璃管及洗气瓶壁数次，洗液一并转入碘量瓶中。向碘量瓶中加入10mL冰乙酸，再加入10.00mL或20.00mL 0.1mol/L碘标准滴定溶液(根据试料中H_2S的含量而定，如碘量瓶中的溶液呈黄色，应在定量补加碘标准滴定溶液)，摇匀。用0.1mol/L硫代硫酸钠标准滴定溶液滴定至溶液呈淡黄色，加入1mL5g/L淀粉指示剂，继续滴定至溶液蓝色消失为终点。同时进行空白实验。

4)计算

$$w_8=\frac{[(V_0-V)/1000]cM}{2m}\times 100\% \tag{6-8}$$

式中　w_8——液体工业硫黄中H_2S和多硫化氢(以H_2S计)的质量分数,%；

V_0——空白实验消耗的硫代硫酸钠标准滴定溶液的体积，mL；

V——测定所消耗的硫代硫酸钠标准滴定溶液的体积，mL；

c——硫代硫酸钠标准滴定溶液的实际浓度，mol/L；

M——H_2S的摩尔质量，g/mol(M=34.08g/mol)；

m——试料的质量，g。

6.2　气体分析

天然气净化系统气体分析主要是根据产品、原料、生产中间过程不同气质组成，建立相应的色谱分析方法，对出厂产品气、进厂原料天然气、硫黄回收酸性气、加氢过程气的组成进行分析。

6.2.1　产品气组成分析

1)实验原理

具有代表性的天然气样品和已知组成的标准混合气，在同样的操作条件下，用气相色谱法进行分离，用热导检测器和火焰光度检测器检测并记录色谱图，由标准混合气的组成值，通过对比峰高、峰面积或者两者均对比，计算获得样品气的相应组成。

2)实验仪器

气路控制：PPC程序控制。

带PPC的热导检测器；带PPC的火焰光度检测器(后置)。

四通气体进样阀(耐350℃)。

气体传动器(45°)。

硫分析钝化GasPro－30m，0.32mm毛细管柱。

硫分析钝化气体进样阀(耐350℃)。

数据处理系统：Clarus500色谱工作站，能直接给出峰面积等参数并按照外标法计算分析结果。

3）操作条件

柱箱温度：60℃，保持8min。

TCD：200℃；FPD：350℃。

载气A：40mL/min；载气B：55mL/min；参考气：30mL/min。

4）实验过程

（1）设备校准。

为确保设备处于良好的分析状态，需使用标准混合气定期对气相色谱仪开展校准。产品气检测选用的标准混合气含量见表6－3和表6－4。

表6－3　产品气检测选用的标准混合气含量

组分名称	含量/%
He	0.10
H_2	0.05
N_2	0.70
CO_2	2.0
CH_4	97
C_2H_6	0.15

表6－4　产品气检测选用的硫化合物标准混合气含量

组分名称	含量/%
H_2S	10×10^{-6}
COS	10×10^{-6}
甲硫醇	5×10^{-6}
乙硫醇	5×10^{-6}
N_2	底气

（2）检查气源状况，确保气量充足后，打开仪器各供气源开关。

（3）打开仪器电源开关，观察仪器是否能够通过自检，若没有通过自检，及时与相关技术人员联系。在仪器通过自检后，登录仪器。

（4）检查仪器和电脑连接是否正常，电脑接收仪器信号是否正常。

（5）点击“设置”，进入界面后选择正确的方法、序列、保存路径；填写合适的样品名称、构建小瓶序列，然后点击“确定”。等待仪器和工作站连接和准备就绪后，从进样口进样品，然后点击“开始运行”。

（6）样品分析结束后，在图谱编辑里查看结果数据，分析并记录结果。

（7）关闭仪器，应先进入检测器界面，点击“加热器关闭”按钮，让检测器自然降温；最后进入进样器界面，点击“加热器关闭”按钮，让进样器自然降温。等待检测器、进样器的温度降至室温附近，即可关闭电源，最后关闭各气源。

6.2.2　原料天然气组成分析

1）实验原理

具有代表性的天然气样品和已知组成的标准混合气，在同样的操作条件下，用气相色谱法进行分离，用热导检测器和火焰光度检测器检测并记录色谱图，根据标准混合气的组成值，通过对比峰高、峰面积或者两者均对比，计算获得气样的相应组成。

2）实验仪器

气路控制：PPC 程序控制。

带 PPC 的热导检测器；带 PPC 的火焰光度检测器（后置）。

四通气体进样阀（耐 350℃）。

气体传动器（45°）。

硫分析钝化 GasPro－30m，0.32mm 毛细管柱。

硫分析钝化气体进样阀（耐 350℃）。

数据处理系统：Clarus500 色谱工作站，能直接给出峰面积等参数并按照外标法计算分析结果。

3）操作条件

柱箱温度：60℃，保持 8min。

TCD：200℃；FPD：350℃。

载气 A：40mL/min，载气 B：55mL/min，参考气：30mL/min。

4）实验过程

（1）设备校准。

为确保设备处于良好的分析状态，需使用标准混合气定期对气相色谱仪开展校准。原料气检测选用的标准混合气含量见表 6－5 和表 6－6。

表 6－5　原料气检测选用的标准混合气含量

组分名称	含量/%
He	0.02
H_2	0.05
O_2	0.20
N_2	0.50
CO_2	8
H_2S	16
CH_4	75
C_2H_6	0.15

表 6－6　原料气检测选用的含硫化合物标准混合气含量

组分名称	含量
H_2S	16%
COS	300×10^{-6}

续表

组分名称	含量
甲硫醇	20×10^{-6}
乙硫醇	10×10^{-6}
N_2	底气

(2)检查气源状况，确保气量充足后，打开仪器各供气源开关。

(3)打开仪器电源开关，观察仪器是否能够通过自检，若没有通过自检，及时与相关技术人员联系。在仪器通过自检后，登录仪器。

(4)检查仪器和电脑连接是否正常，电脑接收仪器信号是否正常。

(5)点击“设置”，进入界面后选择正确的方法、序列、保存路径；填写合适的样品名称、构建小瓶序列，然后点击“确定”。等待仪器和工作站连接和准备就绪后，从进样口进样品，然后点击“开始运行”。

(6)样品分析结束后，在图谱编辑里查看结果数据，分析并记录结果。

(7)如需要关闭仪器，应先进入检测器界面，点击“加热器关闭”按钮，让检测器自然降温；最后进入进样器界面，点击“加热器关闭”按钮，让进样器自然降温。等待检测器、进样器的温度降至室温附近，即可关闭电源，最后关闭各气源。

6.2.3 酸性气组成分析

1)实验原理

具有代表性的天然气样品和已知组成的标准混合气，在同样的操作条件下，用气相色谱法进行分离，用热导检测器检测并记录色谱图，用外标法计算各组分的含量。根据标准混合气的组成值，通过对比峰高、峰面积或者两者均对比，计算获得气样的相应组成。

2)实验仪器

色谱仪：PE－Clarus500 色谱 1 台。

气路控制：PPC 程序控制。

六通气体切换阀(耐 350℃)。

气动传动器(60°)。

充柱：GDX－301 型，不锈钢 1/8in，12ft。

带 PPC 的后置 TCD 检测器。

数据处理系统：Clarus500 色谱工作站，能直接给出峰面积等参数并按照外标法计算分析结果。

3)操作条件

柱箱温度：90℃，保持 4.5min。

TCD：200℃；衰减：8。

载气：20mL/min；参考气：20mL/min。

4)实验过程

(1)设备校准。

为确保设备处于良好的分析状态，需使用标准混合气定期对气相色谱仪开展校准。

酸性气检测选用的标准混合气含量见表6－7。

表6－7　酸性气检测选用的标准混合气含量

组分名称	含量/%
He	0.02
H_2	0.05
O_2	0.20
N_2	0.50
CO_2	8
H_2S	16
CH_4	75
C_2H_6	0.15

(2)检查气源状况，确认气量充足后，打开仪器各供气源开关。

(3)打开仪器电源开关，观察仪器是否能够通过自检，若没有通过自检，及时与相关技术人员联系。在仪器通过自检后，登录仪器。

(4)检查仪器和电脑连接是否正常，电脑接收仪器信号是否正常。

(5)点击“设置”，进入界面后选择正确的方法、序列、保存路径；填写合适的样品名称、构建小瓶序列，然后点击“确定”。等待仪器和工作站连接和准备就绪后，从进样口进样品，然后点击“开始运行”。

(6)样品分析结束后，在图谱编辑里查看结果数据，分析并记录结果。

(7)如需要关闭仪器，应先进入检测器界面，点击“加热器关闭”按钮，让检测器自然降温；最后进入进样器界面，点击“加热器关闭”按钮，让进样器自然降温。等待检测器、进样器的温度降至室温附近，即可关闭电源，最后关闭各气源。

6.2.4　过程气组成分析

1)实验原理

具有代表性的天然气样品和已知组成的标准混合气，在同样的操作条件下，用气相色谱法进行分离，用热导检测器检测并记录色谱图，用外标法计算各组分的含量。由标准混合气的组成值，通过对比峰高、峰面积或者两者均对比，计算获得气样的相应组成。

2)实验仪器

色谱仪：PE－Clarus500色谱1台。

气路控制：PPC程序控制。

十通气体切换阀(耐350℃)。

气动传动器(60°)，气动传动器(36°)。

填充柱：GDX－301型，不锈钢1/8in，12ft。

带PPC的后置热导检测器。

数据处理系统：Clarus500色谱工作站，能直接给出峰面积等参数并按照外标法计算分析结果。

3)操作条件

柱箱温度：90℃，保持8min。

TCD：200℃；衰减：8。

载气：25mL/min；参考气：20mL/min。

4)实验过程

(1)设备校准。

为确保设备处于良好的分析状态，需使用标准混合气定期对气相色谱仪开展校准。过程气检测选用的标准混合气含量见表6-8。

表6-8　过程气检测选用的标准混合气含量

组分名称	含量/%
H_2	1.5
CO_2	14
CO	5
O_2	5
H_2S	1
He	平衡气

(2)检查气源状况，确保气量充足后，打开仪器各供气源开关。

(3)打开仪器电源开关，观察仪器是否能够通过自检，若没有通过自检，及时与相关技术人员联系。在仪器通过自检后，登录仪器。

(4)检查仪器和电脑连接是否正常，电脑接收仪器信号是否正常。

(5)点击“设置”，进入界面后选择正确的方法、序列、保存路径；填写合适的样品名称、构建小瓶序列，然后点击“确定”。等待仪器和工作站连接和准备就绪后，从进样口进样品，然后点击“开始运行”。

(6)样品分析结束后，在图谱编辑里查看结果数据，分析并记录结果。

(7)如需要关闭仪器，应先进入检测器界面，点击“加热器关闭”按钮，让检测器自然降温；最后进入进样器界面，点击“加热器关闭”按钮，让进样器自然降温。等待检测器、进样器的温度降至室温附近，即可关闭电源，最后关闭各气源。

6.3　水质分析

水质分析方法主要介绍锅炉水、循环水、生活饮用水及污水相关检测项目的分析方法。

6.3.1　锅炉用水和冷却水分析

1)电导率的测定

(1)实验原理。

溶解于水的酸、碱、盐等电解质，在溶液中解离成正、负离子，使电解质溶液具有导电能力，其导电能力的大小可用电导率表示。

(2)实验过程。

①电导率仪的校正、操作、读数应按其使用说明书的要求进行。

②根据水样的电导率大小，参照表6－9选用不同电导池常数电极。将选择好的电极用二级试剂水洗净，再冲洗2～3次，浸泡备用。测量电导率小于3μS/cm的水样时，需用一级试剂水冲洗浸泡电极。

表6－9　选择不同电导池常数电极的依据

电导池常数/cm^{-1}	电导率/(μS/cm)
0.001	0.1以下
0.01	0.1～10
0.1～1.0	10～100
1.0～10	100～100000
10～50	100000～500000

③实验室测定时，取50～100mL水样，放入塑料杯或硬质玻璃杯中，将电极和温度计用被测水样冲洗2～3次后，浸入水样中进行电导率、温度的测定，重复取样测定2～3次，此时测定结果相对误差均在±1%以内，即为所测的电导率值。同时记录水样温度。

④非实验室测定时，取50～100mL水样，放入塑料杯或硬质玻璃杯中，将电极和温度计用被测水样冲洗2～3次后，浸入水样中进行电导率、温度的测定，重复取样测定2～3次，此时测定结果相对误差均在±3%以内，即为所测的电导率值。同时记录水样温度。

(3)计算。

电导率仪若带有温度自动补偿，应根据仪器的使用说明结合所测水样温度将温度补偿调至相应数值；电导率仪没有温度自动补偿，水样温度不是25℃时，测定数值应按式(6－9)换算为25℃时的电导率值。

$$S=\frac{S_tK}{1-\beta(T-25)} \tag{6-9}$$

式中　S——换算成25℃时水样的电导率，μS/cm；

S_t——水温t℃时测得的电导，μS；

K——电导池常数，cm^{-1}；

β——温度校正系数；

T——测定时水样温度，℃。

2)碱度的测定

(1)实验原理。

采用指示剂法或电位滴定法，用盐酸标准滴定液滴定水样。终点pH＝8.3时，可认为近似等于碳酸盐和CO_2的浓度，并表示水样中存在的几乎所有的氢氧化物或二分之一的碳酸盐已被滴定。终点pH＝4.5时，可认为近似等于氢离子和碳酸氢根离子的等当点，可用于测定水样的总碱度。

(2)实验过程。

①滴定到 pH = 8.3 的酚酞碱度的测定(复合碱度)。

移取 100.00mL 水样于 250mL 锥形瓶中，并向其中加入(0.1 ±0.02)mL 酚酞指示剂，若无粉红色出现，则认为酚酞碱度为0；若出现粉红色，用盐酸标准滴定溶液滴定至粉红色消失。若碱度范围为 4 ~20mmol/L，使用 0.1mol/L 的盐酸标准滴定液；若碱度范围为 0.4 ~4mmol/L，则用 0.05mol/L 盐酸标准滴定液。记录消耗的盐酸标准滴定液的体积。

②总碱的测定。

滴加(0.1 ±0.02)mL 溴甲酚绿 - 甲基红指示剂于 pH = 8.3 的测定酚酞碱度的溶液中，用合适的盐酸标准滴定溶液继续滴定直至颜色由蓝绿色变成暗红色，煮沸 2min 冷却后继续滴定至暗红色，即为终点。记录消耗的盐酸标准滴定溶液的总体积。

(3)计算。

酚酞碱度的计算：

$$A_p = \frac{V_1 \times c \times 1000}{V_0} \tag{6-10}$$

式中 A_p——酚酞碱度，mmol/L；

V_1——滴定至 pH = 8.3 时消耗盐酸标准滴定溶液的体积的数值，mL；

c——盐酸标准滴定溶液的准确浓度的数值，mol/L；

V_0——试样体积，mL。

总碱度的计算：

$$A_p = \frac{V_2 \times c \times 1000}{V_0} \tag{6-11}$$

式中 A_p——总碱度，mmol/L；

V_2——滴定至 pH = 4.5 时消耗盐酸标准滴定溶液的体积，mL；

c——盐酸标准滴定溶液的准确浓度，mol/L；

V_0——试样体积，mL。

3)硬度的测定

(1)实验原理。

在 pH 值为 10.0 ±0.1 的水溶液中，以铬黑 T 为指示剂，以乙二胺四乙酸二钠(EDTA)标准滴定溶液滴定至蓝色为终点。根据消耗 EDTA 的体积，即可算出硬度值。

(2)实验过程。

①取 100mL 水样于 250mL 锥形瓶中。如果水样混浊，取样前应过滤。如果水样酸性或碱性很高，可用氢氧化钠溶液或盐酸溶液中和后再加缓冲溶液。

②在不断摇动下，用乙二胺四乙酸二钠标准滴定溶液进行滴定，接近终点时应缓慢滴定，溶液由酒红色转为蓝色即为终点。

(3)计算。

$$C_1 = \frac{(V_1 - V_0) \times c}{V} \times 1000 \tag{6-12}$$

式中 C_1——硬度，mmol/L；

V_1——滴定水样消耗 EDTA 标准滴定溶液的体积，mL；

V_0——滴定空白溶液消耗 EDTA 标准滴定溶液的体积，mL；

c——EDTA 标准滴定溶液浓度的准确值，mol/L；

V——所取水样体积，mL。

4)钙的测定

(1)实验原理。

在 pH≥12 时，以钙黄绿素-酚酞为指示剂，乙二胺四乙酸二钠络合滴定水中的钙离子，在黑色背景下终点颜色由黄绿色变为红色，在此 pH 条件下形成氢氧化镁沉淀。

(2)实验过程。

①水样的采取：一般可直接采集，当水样混浊时应用中速定性滤纸过滤。

②用移液管吸取水样 50mL 于 250mL 锥形瓶中；加 50mL 试剂水，3 滴盐酸溶液，混匀，加热至微沸持续半分钟；加 5mL 氢氧化钾溶液、约 30mg 钙黄绿素-酚酞混合指示剂，在黑色背景下立即用 EDTA 标准溶液滴定至溶液的黄绿色荧光消失，溶液呈红色时即为终点。整个滴定过程应在 5min 内完成，同时用试剂水作空白实验校正结果。

③经加盐酸煮沸后再滴定，可消除碳酸氢根和聚丙烯酸的干扰。

④水中存在的铁离子、铝离子干扰本方法，可在加入氢氧化钾前，先加入 2~3mL 三乙醇胺溶液。

⑤有锌离子存在时，可加入氢氧化钾溶液调节 pH 值至 14 左右，以消除干扰。

(3)计算。

①水样中钙含量 X(以 Ca^{2+} 计)的计算：

$$X = \frac{m \times (V_2 - V_0) \times 40.08}{V_1} \times 1000 \tag{6-13}$$

式中 X——水样中钙含量(以 Ca^{2+} 计)，mg/L；

m——EDTA 标准溶液浓度，mol/L；

V_2——滴定水样消耗 EDTA 标准溶液的体积，mL；

V_0——滴定空白溶液消耗 EDTA 标准溶液的体积，mL；

V_1——移取水样的体积，mL；

40.08——钙的摩尔质量，g/mol。

②水样中钙含量 Y(以 $CaCO_3$ 计)的计算：

$$Y = X \times 2.5 \tag{6-14}$$

式中 Y——水样中钙含量(以 $CaCO_3$ 计)，mg/L；

X——水样中钙含量(以 Ca^{2+} 计)，mg/L；

2.5——换算常数。

5)总磷酸盐含量的测定

(1)实验原理。

在酸性溶液中，用过硫酸钾作分解剂，将聚磷酸盐和有机磷转化为正磷酸盐，正磷酸盐与钼酸铵反应生成黄色的磷钼锑络合物，再用抗坏血酸还原成磷钼蓝，于 710nm 最大吸收波长处，用分光光度法测定。

(2)实验过程。

①现场取约250mL实验室样品，经中速滤纸过滤后贮存于500mL烧杯中即制成试样。

②加入1.0mL硫酸溶液，使pH值小于1。

③加入5.0mL过硫酸钾溶液，小火煮沸近30min。煮沸时，随时添加水使体积保持在25~30mL之间，冷却。

④用氢氧化钠溶液将pH值调节至3~10，转移至50mL容量瓶中。

⑤加入2.0mL钼酸铵溶液、1.0mL抗坏血酸溶液，用水稀释至刻度，摇匀，于室温下放置10min。

⑥在分光光度计710nm处，用1cm吸收池，空白调零，测吸光度。

(3)计算。

$$\rho=\frac{m_3}{V_3} \tag{6-15}$$

式中 ρ——总磷酸盐含量(以PO_4^{3-}计)，μg/L；

m_3——从校准曲线上查得的PO_4^{3-}的量的数值，μg；

V_3——移取实验溶液的体积，mL。

6.3.2 工业循环冷却水分析方法

1)氯离子的测定

(1)实验原理。

本方法以铬酸钾为指示剂，在pH值为5~9.5的范围内用硝酸银标准溶液直接滴定。硝酸银与氯化物作用生成白色氯化银沉淀，当有过量的硝酸银存在时，则与铬酸钾指示剂反应，生成砖红色铬酸银，表示反应达到终点。

(2)实验过程。

①移取适量体积的水样于250mL锥形瓶中，加入2滴酚酞指示剂，用氢氧化钠溶液和硝酸溶液调节水样的pH值，使红色刚好变为无色。

②加入1.0mL铬酸钾指示剂，在不断摇动情况下，最好在白色背景条件下用硝酸银标准滴定溶液滴定，直至出现砖红色为止。同时做空白实验。

(3)计算。

$$\rho_1=\frac{(V_1-V_0)\times c\times M}{1000\times V}\times 10^6 \tag{6-16}$$

式中 ρ_1——氯离子质量浓度，mg/L；

V_1——试样消耗的硝酸银标准滴定溶液的体积，mL；

V_0——空白实验试样消耗的硝酸银标准滴定溶液的体积，mL；

V——水样的体积，mL；

c——硝酸银标准滴定溶液的浓度，mol/L；

M——氯的摩尔质量，g/mol(M=35.45g/mol)。

2)pH值的测定

(1)实验原理。

将规定的指示电极和参比电极浸入同一被测溶液中，构成一个原电池，其电动势与溶液的 pH 有关。通过测量原电池的电动势即可得出溶液的 pH 值。

(2)实验过程。

把试样放入一个洁净的烧杯中，用分度值为1℃的温度计测量试样的温度，再将酸度计的温度补偿旋钮调至所测试样的温度。浸入电极，摇匀，测定并记录。

3)固体物质的测定

(1)实验原理。

将一定体积的水样，置于已知质量的蒸发皿中蒸干后，转入105～110℃烘箱中烘干至恒重。所得剩余残留物为水中的总固体。

(2)实验过程。

①将洗净的蒸发皿，置于105～110℃烘箱中烘干至恒重，待用。

②移取一定量充分摇匀的水样于已知质量的蒸发皿中，置于加热器上蒸发。当水样体积较大时，可采用低温电炉、电热板或红外加热板蒸发、浓缩，并不断补加水样直至体积减少至20～30mL 后，移至沸腾的水浴锅里继续蒸干。

③将已蒸干的水样残留物连同蒸发皿移入105～110℃烘箱中烘干至恒重。

(3)计算。

$$\rho_1 = \frac{(m_2 - m_1)}{V_1} \times 10^6 \qquad (6-17)$$

式中　ρ_1——固体物质质量浓度，mg/L；

m_2——烘干后总固体与蒸发皿的总质量，g；

m_1——烘干后蒸发皿的质量，g；

V_1——水样的体积，mL。

4)浊度的测定

(1)实验原理。

以福马肼悬浊液作标准，采用分光光度计比较被测水样和标准悬浊液透过光的强度。

(2)实验过程。

①根据所测水样浊度的浓度范围，绘制浊度为4～40FTU(选择50mm 比色皿)或40～400FTU(选择10mm 比色皿)的校准曲线。

②取充分摇匀的水样直接注入比色皿，波长设定为660nm，选择10mm 或50mm 的比色皿，根据测定选用的校准曲线求其浊度。

(3)计算。

$$X = a \times \frac{V_2}{V_1} \qquad (6-18)$$

式中　X——水样浊度，FTU；

a——从标准曲线上查得的浊度，FTU；

V_1——吸取水样的体积，mL；

V_2——吸取水样稀释后的总体积，mL。

5)余氯的测定

(1)实验原理。

当 pH 值为6.2～6.5时，在过量的碘化钾存在下，试样中余氯与 DPD 反应，生成红色化合物，于510nm波长处，用分光光度法测定。

(2)实验过程。

①在250mL锥形瓶中加5.0mL缓冲溶液和5.0mL DPD溶液摇匀，随后加100.00mL试样溶液摇匀。

②加入1g碘化钾混匀。控制显色时间在2min。

③用3cm吸收池，在510nm波长处，以水的试剂空白为参比，迅速测定吸光度，并从校准曲线上查得氯的质量浓度ρ_2。

(3)计算。

$$\rho_{TCL}=\frac{(\rho_2-\rho_3)\times 100.00}{V} \qquad (6-19)$$

式中 ρ_{TCL}——余氯质量浓度，mg/L；

ρ_2——按余氯的测定查得的氯的质量浓度，mg/L；

ρ_3——按锰氧化物干扰的校正查得相当的氯的质量浓度，mg/L；

V——移取试样溶液的体积，mL；

100.00——将试样稀释后所得试料的体积，mL。

6)溶解氧的测定(电化学探头法)

(1)实验原理。

溶解氧电化学探头是一个选择性薄膜封闭小室，室内两个金属电极充满电解质。氧和一定数量的其他气体及亲水性物质可透过这层膜，但水和可溶性离子几乎不能透过这层膜。

将探头浸入水中测定，电池作用或外加电压在两电极间产生电位差，在阳极，金属离子进入溶液，在阴极，氧气通过薄膜扩散获得电子被还原。产生的电流与穿过薄膜和电解质层的氧的传递速度成正比，即可换算得出溶解氧含量。

(2)实验过程。

将探头浸入样品，待探头温度与水温达到平衡，且数字显示稳定时读数并记录。

(3)计算。

$$\rho=\frac{(V_1-V_0)\times c\times M\times 10^6}{1000\times V} \qquad (6-20)$$

式中 ρ——溶解氧的质量浓度，mg/L；

m——水中氧含量，mg；

V——水的体积，L。

7)铁的测定(邻菲罗啉分光光度法)

(1)实验原理。

铁(Ⅱ)菲罗啉溶液络合物在pH为2.5~9是稳定的，颜色的强度与铁(Ⅱ)存在量成正比。在铁浓度为5.0mg/L以下时浓度与吸光度成线性关系。

(2)实验过程。

①用(1+1)盐酸溶液将取样瓶洗涤后，用Ⅰ级试剂水清洗干净，然后加入浓盐酸直接取样(每500mL水样加2mL浓盐酸)。

②取50mL水样于100mL锥形瓶中，加入2mL(1+1)盐酸，加热浓缩至体积略小于25mL。

③冷却至30℃后，加1mL盐酸羟胺溶液，摇匀，静置5min。

④加0.1% 1，10－菲罗啉溶液5mL，摇匀后，每个锥形瓶中各加一小块刚果红试纸，慢慢滴加氨水，使刚果红试纸恰好由蓝色转变为红紫色，此时pH为3.8～4.1。

⑤加乙酸－乙酸铵缓冲液5mL，摇匀后移入原50mL容量瓶中，用一级试剂水稀释至刻度。

⑥在分光光度计上，用波长510nm，100mm长比色皿，以一级试剂水为参比测定吸光度。

(3)计算。

$$X = C \times \frac{50}{V} \tag{6-21}$$

式中 X——水中铁含量，μg/L；

C——从标准工作曲线上查得的铁含量，μg/L；

V——所取水样的体积，mL。

6.3.3 污水分析

1)化学需氧量的测定(快速消解分光光度法)

(1)实验原理。

试样中加入已知量的重铬酸钾溶液，在强硫酸介质中，以硫酸银作为催化剂，经高温消解后，用分光光度法测定COD值。在610nm波长处测定重铬酸钾被还原产生的三价铬(Cr^{3+})的吸光度，试样中COD值与三价铬(Cr^{3+})的吸光度的增加值成正比例关系，将三价铬(Cr^{3+})的吸光度换算成试样的COD值。

(2)实验过程。

①取混合均匀的水样于洗净的玻璃消解管中。

②提前打开消解系统电源开关，并将温度设定为165℃，消解器开始自动升温。达到设定温度后自动报警提示，按任意键停止提示。

③实验中使用的消解管及器皿，必须清洗干净。如有条件，可提前配制洗液进行浸泡，再用蒸馏水冲洗干净烘干后使用。准备数支消解管，用阿拉伯数字按顺序进行编号，置于冷却架的空冷槽上。

④准确量取2.5mL蒸馏水加到“0”号消解管中。分别准确量取各水样2.5mL，依次加入其他消解管中。

⑤依次向各个消解管中加入0.7mL专用耗材D试剂。再向各消解管中加入4.8mL的专用耗材E试剂并混匀。

⑥将各消解管依次放入提前预热到165℃的消解孔中，并盖上防喷罩。按消解键设定时间为10min。

⑦消解完成后仪器报警提示。将各样品依次放入冷却架上，在空气中冷却2min。冷却完成后，依次向各消解管中加入2.5mL蒸馏水并混匀。将各消解管放入冷水中冷却2min。

⑧水冷却完成后，将消解管取出，擦干外壁水珠。

⑨先将“0”号消解管中的溶液倒入比色皿，放入仪器比色槽中并关闭上盖。读数稳定后按“空白”键使屏幕显示“C＝0.000mg/L”。否则重按“空白”键。

⑩将“1”号消解管中的溶液倒入比色皿，放入仪器比色槽中并关闭上盖。此时屏幕上所显示的结果即为1号样品的COD值。其他样品同上。

2)氨氮的测定(蒸馏－中和滴定法)

(1)实验原理。

调节水样的pH值在6.0~7.4，加入轻质氧化镁使呈微碱性，蒸馏释放出的氨用硼酸溶液吸收。以甲基红－亚甲基蓝为指示剂，用盐酸标准溶液滴定馏出液中的氨氮。

(2)实验过程。

①将全部馏出液转移到锥形瓶中，加入2滴混合试剂，用盐酸标准滴定溶液滴定，至馏出液由绿色变成淡紫色为终点，并记录消耗的盐酸标准滴定溶液的体积，V_s。

②空白实验。

用250mL水代替水样，按步骤进行预蒸馏、滴定，并记录消耗的盐酸标准滴定溶液的体积，V_b。

(3)结果计算。

$$\rho_N = \frac{V_s - V_b}{V} \times c \times 14.01 \times 1000 \qquad (6-22)$$

式中 ρ_N——水样中氨氮的浓度(以氮计)，mg/L；

V——试样的体积，mL；

V_s——滴定试样消耗的盐酸标准滴定溶液的体积，mL；

V_b——滴定空白消耗的盐酸标准滴定溶液的体积，mL；

c——滴定用盐酸标准溶液的浓度，mol/L；

14.01——氮的相对原子质量，g/mol。

3)石油类和动植物油浓度的测定(红外光度法)

(1)实验原理。

用四氯化碳萃取样品中的油类物质，测定总油，然后将萃取液用硅酸镁吸附，除去动植物油类等极性物质后，测定石油类浓度。总油和石油类的含量均由波数分别为2930cm^{-1}、2960cm^{-1}和3030cm^{-1}谱带处的吸光度A_{2930}、A_{2960}和A_{3030}进行计算，其差值为动植物油类浓度。

注：2930cm^{-1}表示CH_2基团中C—H键的伸缩振动，2960cm^{-1}表示CH_3基团中C—H键的伸缩振动；3030cm^{-1}表示芳香环中C—H键的伸缩振动。

(2)实验过程。

①校正系数的测定。

分别量取2.00mL正十六烷标准储备液、2.00mL异辛烷标准储备液和10.00mL苯标准储备液于3个100mL容量瓶中，用四氯化碳定容至标线，摇匀。正十六烷、异辛烷和苯标准溶液的浓度分别为20.0mg/L、20.0mg/L和100mg/L。

用四氯化碳做参比溶液，使用4cm比色皿，分别测量正十六烷、异辛烷和苯标准溶液在2930cm^{-1}、2960cm^{-1}和3030cm^{-1}处的吸光度A_{2930}、A_{2960}和A_{3030}。正十六烷、异辛烷和苯标准溶液在上述波数处的吸光度均符合公式，由此得出的联立方程式经求解后，可分别得到相应的校正系数 X、Y、Z 和 F。

$$\rho = X \times A_{2930} + Y \times A_{2960} + Z \times \left(A_{3030} - \frac{A_{2930}}{F}\right) \tag{6-23}$$

式中 ρ——四氯化碳中总油的含量，mg/L；

A_{2930}、A_{2960}、A_{3030}——各对应波数下测得的吸光度；

X、Y、Z——与各种 C—H 键吸光度相对应的系数；

F——脂肪烃对芳香烃影响的校正因子，即正十六烷在 $2930cm^{-1}$ 和 $3030cm^{-1}$ 处的吸光度之比。

对于正十六烷和异辛烷，由于其芳香烃含量为零，即 $A_{3030} - \frac{A_{2930}}{F} = 0$，则有：

$$F = \frac{A_{2930}(H)}{A_{3030}(H)} \tag{6-24}$$

$$\rho(H) = X \times A_{2930}(H) + Y \times A_{2960}(H) \tag{6-25}$$

$$\rho(I) = X \times A_{2930}(I) + Y \times A_{2960}(I) \tag{6-26}$$

由公式可得 F 值、X 和 Y 值。对于苯，则按式(6-27)可得 Z 值：

$$\rho(B) = X \times A_{2930}(B) + Y \times A_{2960}(B) + Z\left[A_{3030}(B) - \frac{A_{2930}(B)}{F}\right] \tag{6-27}$$

式中 $\rho(H)$——正十六烷标准溶液的浓度，mg/L；

$\rho(I)$——异辛烷标准溶液的浓度，mg/L；

$\rho(B)$——苯标准溶液的浓度，mg/L。

$A_{2930}(H)$、$A_{2960}(H)$、$A_{3030}(H)$——各对应波数下测得正十六烷标准溶液的吸光度；

$A_{2930}(I)$、$A_{2960}(I)$、$A_{3030}(I)$——各对应波数下测得异辛烷标准溶液的吸光度；

$A_{2930}(B)$、$A_{2960}(B)$、$A_{3030}(B)$——各对应波数下测得苯标准溶液的吸光度。

②校正系数的检验。

分别量取 5.00mL 和 10.00mL 的石油类标准储备液于 100mL 容量瓶中，用四氯化碳定容，摇匀，石油类标准溶液的浓度分别为 50mg/L 和 100mg/L。分别量取 2.00mL、5.00mL 和 20.00mL 浓度为 100mg/L 的石油类标准溶液于 100mL 容量瓶中，用四氯化碳定容，摇匀，石油类标准溶液的浓度分别为 2mg/L、5mg/L 和 20mg/L。

用四氯化碳做参比溶液，使用 4cm 比色皿，于 $2930cm^{-1}$、$2960cm^{-1}$ 和 $3030cm^{-1}$ 处分别测量 2mg/L、5mg/L、20mg/L、50mg/L 和 100mg/L 石油类标准溶液的吸光度 A_{2930}、A_{2960} 和 A_{3030}，按照公式计算测定浓度。如果测定值与标准值的相对误差在 ±10% 以内，则校正系数可采用，否则重新测定校正系数并检验，直至符合条件为止。

③总油的测定。

将未经硅酸镁吸附的萃取液转移至 4cm 比色皿中，以四氯化碳作参比溶液，于 $2930cm^{-1}$、$2960cm^{-1}$ 和 $3030cm^{-1}$ 处测量其吸光度 A_{2930}、A_{2960} 和 A_{3030}，计算总油的浓度。

④石油类浓度的测定。

将经硅酸镁吸附后的萃取液转移至 4cm 比色皿中，以四氯化碳作参比溶液，于 $2930cm^{-1}$、$2960cm^{-1}$ 和 $3030cm^{-1}$ 处测量其吸光度 A_{2930}、A_{2960} 和 A_{3030}，计算石油类的浓度。

⑤动植物油类浓度的测定。

总油浓度与石油类浓度之差即为动植物油类浓度。

⑥空白实验。

以空白试样代替试样，按照与测定相同步骤进行测定。

(3)计算。

①总油的浓度。

$$\rho_1 = X \times A_{1_{2930}} + Y \times A_{1_{2960}} + Z\left(A_{1_{3030}} - \frac{A_{1_{2930}}}{F}\right) \times \frac{V_0 \times D}{V_W} \tag{6-28}$$

式中 ρ_1——样品中总油的浓度，mg/L；

X、Y、Z、F——校正系数；

$A_{1_{2930}}$、$A_{1_{2960}}$、$A_{1_{3030}}$——各对应波数下测得的萃取液的吸光度；

V_0——萃取溶剂的体积，mL；

V_W——样品体积，mL；

D——萃取液稀释倍数。

②石油类的浓度。

$$\rho_2 = X \times A_{2_{2930}} + Y \times A_{2_{2960}} + Z\left(A_{2_{3030}} - \frac{A_{2_{2930}}}{F}\right) \times \frac{V_0 \times D}{V_W} \tag{6-29}$$

式中 ρ_2——样品中石油类的浓度，mg/L；

$A_{2_{2930}}$、$A_{2_{2960}}$、$A_{2_{3030}}$——各对应波数下测得的萃取液的吸光度。

③动植物油类的浓度。

$$\rho_3 = \rho_1 - \rho_0 \tag{6-30}$$

式中 ρ_3——样品中动植物油类的浓度，mg/L。

4)硫化物的测定(亚甲基蓝分光光度法)

(1)实验原理。

样品经酸化，硫化物转化成 H_2S，用 N_2 将 H_2S 吹出，转移至盛有乙酸锌－乙酸钠溶液的吸收显色管中，与 N，N－二甲基对苯二胺和硫酸铁铵反应生成蓝色的络合物——亚甲基蓝，在 665nm 波长处测定。

(2)实验过程。

①校准曲线的绘制。

取 9 支 100mL 具塞比色管，各加入 20mL 乙酸锌－乙酸钠溶液，分别取 0. 00mL、0. 50mL、1. 00mL、2. 00mL、3. 00mL、4. 00mL、5. 00mL、6. 00mL 和 7. 00mL 硫化钠标准使用液移入各比色管，加水至 60mL，沿比色管壁缓缓地加入 10mL N，N－二甲基对苯二胺溶液，立即密塞并缓慢倒转一次，加 1mL 硫酸铁铵溶液，立即密塞并充分摇匀。放置 10min 后，用水稀释至标线，混匀。用 1cm 比色皿，以水为参比，在 665nm 处测量吸光度，同时做空白实验。

以测定的各标准溶液扣除空白实验的吸光度为纵坐标，对应的标准溶液中硫离子的含量(μg)为横坐标绘制校准曲线。

②样品的沉淀分离。

对于无色、透明、不含悬浮物的清洁水样，采用沉淀分离法测定。

取一定体积现场采集并固定的水样于分液漏斗中(样品应确保硫化物沉淀完全，取样时应充分摇匀)，静置，待沉淀与溶液分层后，将沉淀部分放入100mL具塞比色管，加水至约60mL。测定的吸光度值减去空白实验的吸光度值后，在校准曲线上查出硫化物的含量。

③样品的酸化－吹气－吸收。

对含悬浮物、混浊度较高、有色、不透明的水样，采用酸化－吹气－吸收法测定。按要求连接酸化－吹气－吸收装置，通 N_2 检查装置的气密性后，关闭气源。

取20mL乙酸锌－乙酸钠溶液，从侧向玻璃接口处加入吸收显色管内。取一定体积、取样现场已固定并混匀的水样，加5mL抗氧化溶液。取出加酸通氮管，将水样移入反应瓶，加水至总体积约200mL。

重装加酸通氮管，接通 N_2，以200～300mL/min的速度预吹2～3min后，关闭气源。关闭加酸通氮管活塞，取出顶部接管，向加酸通氮管内加入10mL磷酸溶液后，重接顶部接管。缓慢旋开加酸通氮管活塞，接通 N_2，以300mL/min的速度持续吹气30min。

取下吸收显色管，关闭气源，以少量水冲洗显色管各接口，加水至约60mL，由侧向玻璃接口处缓慢加入10mL N，N－二甲基对苯二胺溶液，立即密塞并将溶液缓慢倒转一次，再从侧向玻璃接口处加入1mL硫酸铁铵溶液，立即密塞并充分摇匀振荡，放置10min。

将溶液移入100mL具塞比色管，用水冲洗吸收显色管；用水稀释至标线，摇匀。用1cm比色皿，以水为参比，在665nm处测量吸光度。测定的吸光度值减去空白实验的吸光度值后，在校准曲线上查出硫化物的含量。

④空白实验。

以水代替试料，进行空白实验，并加入与测定时相同体积的试剂。

(3)计算。

$$c=\frac{m}{V} \tag{6-31}$$

式中 m——从校准曲线上查得的试料中含硫化物量，μg；

V——水样体积，mL。

5)总氮的测定(碱性过硫酸钾消解紫外分光光度法)

(1)实验原理。

在120～124℃下，碱性过硫酸钾溶液使样品中含氮化合物的氮转化为硝酸盐，采用紫外分光光度法于波长220nm和275nm处，分别测定吸光度 A_{220} 和 A_{275}，按下式计算校正吸光度 A，总氮(以N计)含量与校正吸光度 A 成正比。

(2)实验过程。

①标准曲线的绘制。

分别量取0.00mL、0.20mL、0.50mL、1.00mL、3.00mL和7.00mL硝酸钾标准使用液于25mL具塞磨口玻璃比色管中，其对应的总氮(以N计)含量分别为0.00μg、2.00μg、5.00μg、10.0μg、30.0μg和70.0μg。加水稀释至10.00mL，再加入5.00mL碱性过硫酸钾溶液，塞紧管塞，用纱布和线绳扎紧管塞，以防弹出。将比色管置于高压蒸汽灭菌器中，加热至顶压阀吹气后关阀，继续加热至120℃开始计时，保持温度在120～124℃

30min。自然冷却、开阀放气，移去外盖，取出比色管冷却至室温，按住管塞将比色管中的液体颠倒混匀2~3次。

每个比色管均加入1.0mL盐酸溶液，用水稀释至25mL标线，盖塞混匀。使用10mm石英比色皿，在紫外分光光度计上，以水作参比，分别于波长220nm和275nm处测定吸光度。零浓度的校正吸光度A_b、其他标准系列的校正吸光度A_s及其差值A_r，按式下列公式进行计算。

以总氮(以N计)含量(μg)为横坐标，对应的A_r值为纵坐标，绘制校准曲线。

$$A_b = A_{b220} - 2A_{b275} \tag{6-32}$$

$$A_s = A_{s220} - 2A_{s275} \tag{6-33}$$

$$A_r = A_s - 2A_b \tag{6-34}$$

式中 A_b——零浓度(空白)溶液的校正吸光度；

A_{b220}——零浓度(空白)溶液于波长220nm处的吸光度；

A_{b275}——零浓度(空白)溶液于波长275nm处的吸光度；

A_s——标准溶液的校正吸光度；

A_{s220}——标准溶液于波长220nm处的吸光度；

A_{s275}——标准溶液于波长275nm处的吸光度；

A_r——标准溶液校正吸光度与零浓度(空白)溶液校正吸光度的差。

②取适量样品用氢氧化钠溶液或硫酸溶液调节pH值至5~9。

③量取10.00mL试样于25mL具塞磨口玻璃比色管中，按照标准曲线相关步骤测定。

④空白实验：量取10.00mL水代替试样于25mL具塞磨口玻璃比色管中，按照标准曲线相关步骤测定。

(3)计算。

$$\rho = \frac{(A_r - a) \times f}{b \times V} \tag{6-35}$$

式中 ρ——样品中总氮的质量浓度，mg/L；

A_r——试样的校正吸光度与空白实验校正吸光度的差值；

a——校准曲线的截距；

b——校准曲线的斜率；

V——试样体积，mL；

f——稀释倍数。

6)总磷的测定(钼酸铵分光光度法)

(1)实验原理。

在酸性溶液中，用过硫酸钾作分解剂，将聚磷酸盐和有机磷转化为正磷酸盐，正磷酸盐与钼酸铵反应生成黄色的磷钼锑络合物，再用抗坏血酸还原成磷钼蓝，于710nm最大吸收波长处用分光光度法测定。

(2)实验过程。

①试样的准备。

现场取约250mL实验室样品经中速滤纸过滤后储存于500mL烧杯中即制成试样。

②标准曲线的绘制。

分别取 0.00mL、1.00mL、2.00mL、3.00mL、4.00mL、5.00mL、6.00mL、7.00mL 和 8.00mL 磷标准溶液于 50mL 容量瓶中，用水稀释至约 40mL。依次加入 2.0mL 钼酸铵溶液、1.0mL 抗坏血酸溶液，用水稀释至刻度，摇匀，于室温下放置 10min。在分光光度计 710nm 处，用 1cm 吸收池，空白调零，以测得的吸光度为纵坐标，相对应的 PO_4^{3-} 量(μg)为横坐标绘制标准曲线。

③总磷酸盐实验过程。

移取适量体积的试样于 100mL 锥形瓶中，加入 1.0mL 硫酸溶液，使 pH 值小于 1。再加入 5.0mL 过硫酸钾溶液，小火煮沸近 30min。煮沸时，随时添加水使体积保持在 25 ~ 30mL，冷却。用氢氧化钠溶液将 pH 值调节至 3 ~ 10，转移至 50mL 容量瓶中。加入 2.0mL 钼酸铵溶液、1.0mL 抗坏血酸溶液，用水稀释至刻度，摇匀，于室温下放置 10min。在分光光度计 710nm 处，用 1cm 吸收池，空白调零，测吸光度。

(3)计算。

$$\rho_1 = \frac{m_1}{V_1} \tag{6-36}$$

式中 ρ_1——总磷酸盐含量，mg/L；

m_1——从校准曲线上查得的 PO_4^{3-} 的量的数值，μg；

V_1——移取实验溶液的体积，mL。

7)悬浮物的测定(重量法)

(1)实验原理。

水质中的悬浮物是指水样通过孔径为 0.45μm 的滤膜，截留在滤膜上并于 103 ~ 105℃ 烘干至恒重的固体物质。

(2)实验过程。

①滤膜准备。

用无齿扁嘴镊子夹取微孔滤膜放于事先恒重的称量瓶里，一并移入烘箱中于 103 ~ 105℃下烘干 0.5h 后取出置干燥器内冷却至室温，称其质量。反复烘干、冷却、称量，直至两次称量的质量差≤0.2mg。将恒重的微孔滤膜正确地放在滤膜过滤器的滤膜托盘上，加盖配套的漏斗，并用夹子固定好。以蒸馏水湿润滤膜，并不断吸滤。

②测定。

量取混合均匀的试样 100mL 抽吸过滤使水分全部通过滤膜。再以每次 10mL 蒸馏水连续洗涤三次，继续吸滤以除去痕量水分。停止吸滤，取出载有悬浮物的滤膜放在原恒重的称量瓶里，一并移入烘箱中于 103 ~ 105℃下烘干 1h 后移入干燥器中，冷却到室温，称其质量。反复烘干、冷却、称量，直至两次称量的质量差≤0.4mg。

(3)计算。

$$c = \frac{A - B}{V} \times 10^6 \tag{6-37}$$

式中 c——悬浮物含量，mg/L；

A——悬浮物 + 滤膜 + 称量瓶质量，g；

B——滤膜 + 称量瓶质量，g；

V——试样体积，mL。

6.3.4 生活饮用水分析

1)菌落总数(平皿计数法)

(1)实验原理。

将1mL水样与营养琼脂培养基混合，在(36±1)℃有氧条件下培养48h后，所得1mL水样中菌落总数的方法即平皿计数法。

(2)实验过程。

①生活饮用水。

用灭菌吸管吸取1mL充分混合的水样，注入灭菌平皿中，倾注约15mL已融化并冷却到45℃左右的营养琼脂培养基，并立即旋摇平皿，使水样与培养基充分混合。每次检验时应做一平行接种，同时另用一个平皿只倾注营养琼脂培养基作为空白对照。

待冷却凝固后，翻转平皿，使其底面朝上，置于(36±1)℃培养箱内培养48h，进行菌落计数，即为水样1mL中的菌落总数。

②水源水。

以无菌操作方法吸取1mL充分混合的水样，注入盛有9mL灭菌生理盐水的试管中，混匀成1：10稀释液。

吸取1：10的稀释液1mL注入盛有9mL灭菌生理盐水的试管中，混匀成1：100稀释液。按照同样的方法依次稀释成1：1000、1：10000稀释液等备用。如此递增稀释一次，必须更换一支1mL灭菌吸管或吸头。

用灭菌吸管吸取未稀释的水样和2~3个适宜稀释度的水样各1mL，分别注入灭菌平皿内。后续操作同生活饮用水的检验。

(3)菌落计数及报告方法。

作平皿菌落计数时，可用眼睛直接观察，必要时用放大镜观察，以防遗漏。在记下各平皿的菌落数后，应求出同稀释度的平均菌落数，供下一步计算时应用。在求同稀释度的菌落数的平均数时，若其中一个平皿有较大片状菌落生长，则不宜采用，而应以无片状菌落生长的平皿作为该稀释度的菌落数。若片状菌落不到平皿的一半，而其余一半中菌落数分布又很均匀，则可将此平皿计数后乘2以代表全皿菌落数。然后再求该稀释度的平均菌落数。

不同稀释度的选择及报告方法：

①首先选择平均菌落数在30~300的进行计算，若只有一个稀释度的平均菌落数符合此范围，则将该菌落数乘以稀释倍数报告。

②若有两个稀释度，其生长的菌落数均在30~300，则视二者之比值来决定，若其比值小于2应报告两者的平均数。若大于2则报告其中稀释度较小的菌落总数。若等于2应报告其中稀释度较小的菌落数。

③若所有稀释度的平均菌落数均大于300，则应按稀释度最高的平均菌落数乘以稀释倍数报告之。

④若所有稀释度的平均菌落数均小于30，则应按稀释度最低的平均菌落数乘以稀释倍数报告之。

⑤若所有稀释度的平均菌落数均不在30~300，则应以最接近30或300的平均菌落数乘以稀释倍数报告之。

⑥若所有稀释度的平皿上均无菌落生长，则以未检出报告之。

⑦如果所有平皿上都菌落密布，不要用“多不可计”报告，而应在稀释度最大的平皿上，任意其中2个平皿1cm^{2}中的菌落数，除2求出每平方厘米内平均菌落数，乘以皿底面积63.6cm^2，再乘其稀释倍数作报告。

⑧菌落数在100以内时按实有数报告，大于100时，采用两位有效数字，在两位有效数字后面的数值，以四舍五入方法计算，为了缩短数字后面的零数也可用10的指数来表示。

2）腐生菌（TGB）、硫酸盐还原菌（SRB）与铁细菌含量测定

（1）实验原理。

采用绝迹稀释法，即将欲测定的水样用无菌注射器逐级注入测试瓶中进行接种稀释，送实验室培养。根据细菌瓶阳性反应和稀释的倍数，计算出水样中细菌的数目。

（2）实验过程。

①将测试瓶排成一组，并依次编上序号。若测铁细菌时，应先用无菌注射器分别向其测试瓶中加入0.3~0.5mL指示剂。

②用无菌注射器抽取1.0mL水样注入1#瓶内，充分振荡。

③用另一支无菌注射器从1#瓶内抽取1.0mL水样注入2#瓶内，充分振荡。

④再更换一支无菌注射器从2#瓶中抽取1.0mL水样注入3#瓶中，充分振荡。

⑤依次类推，一直稀释到最后一瓶。根据细菌含量决定稀释瓶数。

⑥把上述测试瓶放入恒温培养箱中（培养温度控制在现场水温的±5℃内），SRB菌2周后读数，TGB菌和铁细菌7d后读数。

（3）细菌生长的鉴别。

TGB瓶中液体由红变黄即表示有腐生菌。SRB瓶中微黄色液体变黑或生产黑色沉淀即表示有硫酸盐还原菌。铁细菌测试瓶生成棕色或黑色沉淀即表示有铁细菌。

（4）菌量计数。

①生长指标的确定。

全部呈阳性反应的最后一列平行样应为生长指标的第一位数。同一平行样，有X个阳性反应瓶则生长指标为X。

如果所做试样，最后一列仍有阳性反应，则生长指标按最大值计，以最后三列阳性反应瓶数作为生长指标。如果所做试样全部为阳性反应，则生长指标按最大值计。即两组平行样按222计，三组平行样按333计。稀释法二次重复菌量统计查表6-10。稀释法三次重复菌量计数见表6-11。

②级数确定。

全部呈阳性反应的最后一列平行样瓶号数减去1，即为级数n，以10^n表示。

表6-10　稀释法二次重复菌量统计

生长指标	菌量/(个/mL)	生长指标	菌量/(个/mL)	生长指标	菌量/(个/mL)
000	0.0	110	1.3	211	13.0
001	0.5	111	2.0	212	20.0

续表

生长指标	菌量/(个/mL)	生长指标	菌量/(个/mL)	生长指标	菌量/(个/mL)
010	0.5	120	2.0	220	25.0
011	0.9	121	3.0	221	70.0
020	0.9	200	2.5	222	110.0
100	0.6	201	5.0	—	—
101	1.2	210	6.0	—	—

表 6－11　稀释法三次重复菌量计数

生长指标	菌量/(个/mL)	生长指标	菌量/(个/mL)	生长指标	菌量/(个/mL)
000	0.0	201	1.4	302	6.5
001	0.3	202	2.0	310	4.5
010	0.3	210	1.5	311	7.5
011	0.6	211	2.0	312	11.5
020	0.6	212	3.0	313	16.0
100	0.4	220	2.0	320	9.5
101	0.7	221	3.0	321	15.0
102	1.1	222	3.5	322	20.0
110	0.7	223	4.0	323	30.0
111	1.1	230	3.0	330	25.0
120	1.1	231	3.5	331	45.0
121	1.5	232	4.0	332	110.0
130	1.6	300	2.5	333	140.0
200	0.9	301	4.0	—	—

③根据观测到的菌量，确定生长指标和级数。

④根据生长指标和级数统计细菌生长结果，两组平行样重复实验查表 6－10，三组平行样重复实验查表 6－11。确定最终的细菌量。

⑤细菌量总数结果报告示例见表 6－12。

表 6－12　细菌量总数结果报告示例

示例	长菌观察					生长指标	级数	菌量/(个/mL)
	1#瓶	2#瓶	3#瓶	4#瓶	5#瓶			
	0 级	1 级	2 级	3 级	4 级			
1	+ －	－ －	－ －	－ －	－ －	100	10^0	0.6×10^1
2	+ +	+ +	－ －	－ －	－ －	200	10^1	2.5×10^0
3	+ + +	+ + +	+ + +	+ + －	－ －	320	10^2	9.5×10^2
4	+ + +	+ + +	+ + +	+ + +	+ + +	333	10^4	$\geq1.4\times10^6$

3)总大肠菌群的测定(多管发酵法)

(1)实验原理。

经(36±1)℃培养24h后，发酵乳糖产酸产气，经证实实验和革兰氏染色检测水中总大肠菌群。

(2)实验过程。

①乳糖发酵实验。

无菌移液管取10mL水样接种到10mL双料乳糖蛋白胨培养液中，取1mL水样接种到10mL单料乳糖蛋白胨培养液中，另取1mL水样注入9mL灭菌生理盐水中，混匀后吸取1mL(即0.1mL水样)注入10mL单料乳糖蛋白胨培养液中，每一稀释度接种5管。

检验水源水时，如污染较严重，应加大稀释度，可接种1mL、0.1mL、0.01mL甚至0.1mL、0.01mL、0.001mL，每个稀释度接种5管，每个水样共接种15管。接种1mL以下水样时，必须作10倍递增稀释后，取1mL接种，每递增稀释一次，换用1支1mL灭菌刻度吸管。

将接种管置于(36±1)℃培养箱内，培养(24±2)h，如所有乳糖蛋白胨培养管都不产气产酸，则可报告为总大肠菌群阴性，如有产酸产气者，继续下列步骤。

②分离培养。

将产酸产气的发酵管分别转种在伊红美蓝琼脂平板上，于(36±1)℃培养箱内培养18~24h，观察菌落形态，挑取符合深紫黑色、具有金属光泽，紫黑色、不带或略带金属光泽，淡紫红色、中心较深菌落特征的菌落做革兰氏染色镜检。

③证实实验。

经上述染色镜检为革兰氏阴性无芽孢杆菌，同时接种乳糖蛋白胨培养液，置于(36±1)℃培养箱中培养(24±2)h，有产酸产气者，即证实有总大肠菌群存在。

(3)结果报告。

根据证实为总大肠菌群阳性的管数，查询MPN表(国标GB/T 5750.12—2023中表3和表4)，报告每100mL水样中的总大肠菌群MPN值。如所有乳糖发酵管均为阴性，可报告总大肠菌群未检出。

4)耐热大肠菌群的测定(多管发酵法)

(1)实验原理。

通过将水样在44.5℃下培养24h，观察乳糖发酵产酸产气情况，再经证实实验和革兰氏染色，可检测水中总大肠菌群。

(2)实验过程。

自总大肠菌群乳糖发酵实验中的阳性管(产酸产气)取1滴水样转种于EC培养基中，置于(44.5±0.5)℃水浴箱或隔水式恒温培养箱内(水浴箱的水面应高于试管中培养基液面)，培养(24±2)h，如所有管均不产气，则可报告为阴性，如有产气者，则转种于伊红美蓝琼脂平板上，置(44.5±0.5)℃下培养18~24h，凡平板上有典型菌落者，则证实为耐热大肠菌群阳性。

如果检测未经含氯消毒剂消毒的水，且只想检测耐热大肠菌群时，或调查水源水的耐热大肠菌群污染时，可直接用多管发酵法。可按照大肠菌群实验步骤中分离培养步骤要求，接种乳糖蛋白胨培养液后直接在(44.5 ±0.5)℃下培养，再按照总大肠菌群的实验步骤进行。

(3)结果报告。

根据证实为耐热大肠菌群的阳性管数，查 MPN 表(国标 GB/T 5750.12—2023 中表 3 和表 4)，报告每 100mL 水样中耐热大肠菌群的 MPN 值。

5)色度的测定(铂钴比色法)

(1)实验原理。

用氯铂酸钾和氯化钴配制成与天然水黄色色调相似的标准色列，用于水样目视比色测定。规定 1mg/L 铂[以$(PtCl_6)^{2-}$形式存在]所具有的颜色作为 1 个色度单位，称为 1 度。

(2)实验过程。

①取 50mL 透明的水样于比色管中。如水样色度过高，可取少量水样，加纯水稀释后比色，将结果乘以稀释倍数。

②另取比色管 11 支，分别加入铂－钴标准溶液 0.00mL、0.50mL、1.00mL、1.50mL、2.00mL、2.50mL、3.00mL、3.50mL、4.00mL、4.50mL 和 5.00mL，加纯水至刻度，摇匀，配制成色度为 0 度、5 度、10 度、15 度、20 度、25 度、30 度、35 度、40 度、45 度和 50 度的标准色列，可长期使用。

③将水样与铂－钴标准色列进行比较。如水样与标准色列的色调不一致，即为异色，可用文字描述。

(3)计算。

$$C = V_1 \times \frac{500}{V} \tag{6-38}$$

式中 C——水样色度，度；

V_1——相当于铂－钴标准溶液的用量，mL；

V——水样的体积，mL。

6)肉眼可见物的测定(直接观察法)

将水样摇匀，在光线明亮处迎光直接观察，记录所观察到的肉眼可见物。

7)浑浊度的测定

(1)实验原理。

在一定温度下，硫酸肼环六亚甲基四胺可聚合生成一种白色的高分子化合物，用作浑浊度标准，用目视比浊法测定水样的浑浊度。

(2)实验过程。

摇匀后吸取浑浊度为 400NTU 的标准混悬液(同散射法－福尔马肼浊度)0.00mL、0.25mL、0.50mL、0.75mL、1.00mL、1.25mL、2.50mL、3.75mL 和 5.00mL 分别置于成套的 50mL 比色管内，加纯水至刻度，摇匀后即得浑浊度为 0NTU、2NTU、4NTU、6NTU、8NTU、10NTU、20NTU、30NTU 和 40NTU 的标准混悬液。

取 50mL 摇匀的水样，置于同样规格的比色管内，与浑浊度标准混悬液系列同时振摇均匀后，由管的侧面观察，进行比较。水样的浑浊度超过 40NTU 时，可用纯水稀释后测定。

(3)计算。

$$C = C_0 \times m \tag{6-39}$$

式中 C——水中混浊度，NTU；

C_0——目视法测定的稀释后水样的浑浊度，NTU；

m——稀释倍数。

6.4 溶液分析方法

6.4.1 MDEA溶液分析方法

1)浓度的测定

(1)实验原理。

采用自动电位滴定仪法，选用pH电极为指示电极，用盐酸标准溶液进行滴定。

(2)实验仪器。

自动电位滴定仪：最小进样量0.002mL。

天平：精确称量至0.1mg。

(3)方法的建立。

方法选用的模式：SET(终点设定滴定)。

选用的电极：pH电极。

主要参数的设定：

终点设定：pH=4.5；停止体积：50mL；最大滴定速度：10mL/min；最小滴定速度：10μL/min。

(4)实验过程。

打开自动电位滴定仪，填充pH电极内充液到加液孔。在150mL烧杯中加入约5g待测的MDEA溶液，称准至0.1mg。在烧杯中加入95mL蒸馏水，放入搅拌磁子，将烧杯置于磁力搅拌滴定座上，并将指示电极和滴定头插入待测样品中。按“开始”键进行滴定，滴定至终点，记录耗用盐酸标准溶液的体积。

测定结束，按自动电位滴定仪面板上的主开关关机。用蒸馏水清洗滴定头和电极，擦干电极，盖上内充液填充口，并保存在3mol/L饱和氯化钾溶液中。

(5)计算。

$$X=\frac{c\times V\times 10^{-3}\times 119.16}{m}\times 100 \tag{6-40}$$

式中 X——MDEA溶液的浓度,%；

c——盐酸标准溶液的浓度，mol/L；

V——样品滴定时耗用盐酸标准溶液的体积，mL；

119.16——MDEA的相对分子质量，g/mol；

m——称取样品的质量，g。

2) H_2S含量的测定

(1)实验原理。

采用自动电位滴定仪法，选用铂电极为指示电极。在滴定过程中，过量的碘与H_2S反应，剩余的碘用硫代硫酸钠（$Na_2S_2O_3$）标准溶液进行滴定。

（2）实验仪器。

自动电位滴定仪：最小进样量0.002mL。

（3）方法的建立。

方法选用的模式：DET（动态滴定）。

选用的电极：铂电极。

主要参数的设定：

停止体积：40mL；最大滴定速度：10mL/min；最小滴定速度：10μL/min。

（4）实验过程。

打开自动电位滴定仪，填充铂电极内充液到加液孔。准确移取MDEA溶液（5mL贫胺液或1mL富胺液）到100mL烧杯中。加入25mL（1+1）HCl溶液，再准确移取25mL碘溶液于烧杯中。放入搅拌磁子，将烧杯置于磁力搅拌滴定座上，并将指示电极和滴定头插入待测样品中。按"开始"键进行滴定，滴定至终点，记录耗用$Na_2S_2O_3$标准溶液的体积。同时做空白实验，记录耗用$Na_2S_2O_3$标准溶液的体积。

测定结束，按自动电位滴定仪面板上的主开关关机。用蒸馏水清洗滴定头和电极，擦干电极，盖上内充液填充口，并保存在3mol/L饱和KCl溶液中。

（5）计算。

$$X = \frac{(V_0 - V) \times c \times 17.04}{V_1} \tag{6-41}$$

式中 X——MDEA溶液中H_2S含量，g/L；

V_0——空白滴定时耗用$Na_2S_2O_3$标准溶液的体积，mL；

V——样品滴定时耗用$Na_2S_2O_3$标准溶液的体积，mL；

c——$Na_2S_2O_3$标准溶液的浓度，mol/L；

V_1——分析样品的体积，mL。

3）CO_2含量的测定

（1）实验原理。

MDEA溶液吸收H_2S和CO_2后，生成乙醇胺的相应盐类，加入硫酸铜-硫酸溶液，使硫离子生成硫化铜沉淀，碳酸根被硫酸分解，析出CO_2气体。析出的CO_2气体导入气体量管测出其体积，可求出CO_2含量。

（2）实验仪器。

硫酸解析CO_2测定器一套，如图6-3所示。

（3）实验过程。

对仪器进行试漏检查，不漏气时在反应瓶中加入5mL硫酸铜-硫酸溶液，向反应瓶中的塑料样品杯里注入MDEA溶液（5mL贫胺液或1mL富胺液），然后把反应瓶的塞子塞紧。

旋转三通考克，使气体量管与大气压相通，提高水准瓶，调节饱和食盐水液面至零点附近。旋转三通考克，使气体量管与反应瓶相通，放低水准瓶，记录饱和食盐水液面处读数。

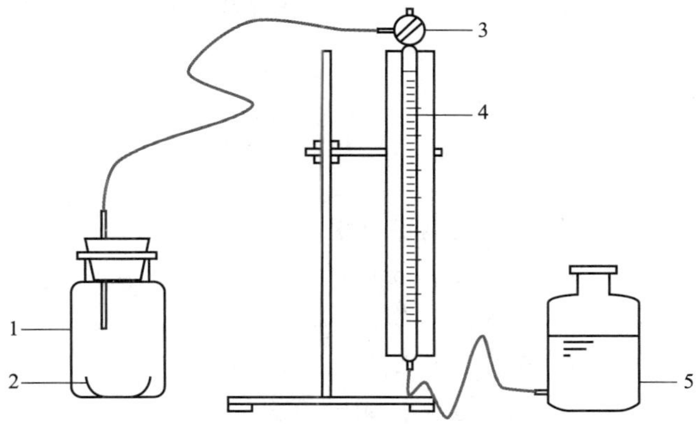

图6－3　硫酸解析 CO_2 测定器示意

1—反应瓶；2—塑料样品杯；3—三通考克；4—气体量管；5—水准瓶

剧烈摇动反应瓶30s，使样品与硫酸铜－硫酸溶液充分反应，观察气体量管中气体体积，等体积不再增加时(约10min)，记录饱和食盐水液面处读数，并记录测定时的大气压力和温度。

(4)计算。

$$X=\frac{1.9768\times K_{pt}\times(V_2-V_1)}{V} \tag{6-42}$$

式中　X——MDEA溶液中 CO_2 的含量，g/L；

1.9768——标准状况下 CO_2 的密度，g/L；

K_{pt}——气体体积的温度压力校正系数；

V_2——样品反应后饱和食盐水液面处读数，mL；

V_1——样品反应前饱和食盐水液面处读数，mL；

V——试样量，mL。

4)全部热稳定盐的测定

(1)实验原理。

过量的阳离子交换树脂与MDEA溶液混合，树脂吸附溶液中的阳离子释放出 H^+，溶液呈酸性，测定其pH值。如果 $pH\geqslant3$，加入0.1mol/L盐酸标准溶液直到溶液 $pH<3$，用氢氧化钠标准溶液进行滴定，通过消耗氢氧化钠标准溶液的体积计算出全部热稳定盐。

(2)实验仪器。

实验仪器有磁力搅拌器、树脂交换柱、天平(精确称量至0.1mg)。

(3)实验过程。

烧杯称重调零后称取MDEA溶液3g，称准至0.1mg。用量筒量取30mL树脂倒入盛有样品的烧杯中，用少量的蒸馏水冲洗残留在量筒中的树脂并倒入烧杯中。将烧杯置于磁力搅拌器上至少搅拌10min。

先取出转子，然后用适量的蒸馏水把样品溶液和树脂转移到树脂交换柱中。慢慢地旋开旋塞使胺样通过交换装置滴下，控制速度大约1滴/s，收集滴下的交换液。当离子交换柱中的液体流尽时，停止接收交换液。

测量收集到的溶液的pH值。如果 $pH\geqslant3$，每次用移液管加入1.0mL的0.1mol/L盐酸标准溶液直到 pH <3，记录加入盐酸标准溶液的体积。用0.1mol/L 的氢氧化钠标准溶液滴定。

(4)计算。

$$X = \frac{(c_1V_1 - c_2V_2) \times 119.16 \times 10^{-3}}{m} \times 100 \qquad (6-43)$$

式中 X——MDEA 溶液中全部热稳定盐的含量,%；

c_1——氢氧化钠标准溶液的浓度，mol/L;

V_1——耗用氢氧化钠标准溶液的体积，mL;

c_2——盐酸标准溶液的浓度，mol/L;

V_2——外加的盐酸标准溶液的体积，mL;

119.16——MDEA 的相对分子质量，g/mol;

m——称取的 MDEA 的质量，g。

5)固体悬浮物的测定

(1)实验原理。

含有悬浮物的样品是高度混合的，让样品通过一个已称重的过滤膜，将悬浮物过滤掉。然后将过滤完的过滤膜干燥、称重。整个悬浮物的质量就可以通过过滤前和过滤后膜的质量差计算出来。

(2)实验仪器。

仪器包括真空泵；干燥箱：可控温在103℃；分析天平：精确称量至0.1mg。

(3)实验过程。

将玻纤滤膜置于称量瓶中，打开称量瓶盖子，放进控温在103℃的干燥箱中至少1h。取出后将称量瓶盖好盖子放在干燥器中，冷却至室温，称重，精确至0.1mg。干燥(第二次干燥只需30min)及称重操作，直至连续两次称量相差不超过0.0004g。

用镊子将玻纤滤膜夹出来放在滤芯上，夹好。过滤样品前用蒸馏水冲洗滤膜。打开真空泵，用移液管移取50mL 或100mL MDEA 溶液，并通过滤膜，尽量将滤膜上液体样品抽尽。

关掉真空泵，取下夹子，将滤膜用镊子夹至称量瓶中。将称量瓶放进干燥箱中烘干，直至恒重。

(4)计算。

$$X = \frac{m_2 - m_1}{V} \times 10^6 \qquad (6-44)$$

式中 X——MDEA 溶液中固体悬浮物的含量，mg/L;

m_2——过滤样品后玻纤滤膜和称量瓶的质量，g;

m_1——过滤样品前玻纤滤膜和称量瓶的质量，g;

V——移取 MDEA 溶液的体积，mL。

6.4.2 TEG 溶液分析方法

(1)实验原理。

三甘醇脱水溶液样品汽化后，由载气带入色谱柱中，利用被测各组分在色谱柱中气相和固相的溶解、解析、吸附、脱附或其他亲和作用性能的差别，在柱内形成组分迁移速度的差别而相互分离，经过检测器检出，得到色谱图。根据各组分的保留时间和响应值进行定性、定量分析。

(2)实验仪器。

配置热导检测器的PE－Clarus500气相色谱仪1台。

(3)实验过程。

①检查气源状况，确认气量充足后，打开仪器各供气源开关。

②打开仪器电源开关，观察仪器是否能够通过自检，若没有通过自检，及时与相关人员联系。在仪器通过自检后，登录仪器。按照仪器参数表，通过仪器面板，给仪器手动设置各种参数。

③按色谱仪右上角图标，进入仪器主界面。按“A”进样器，进入载气流量设定界面。依次按“程控”“初始值”，用键盘输入数字，按ENTER键确认，设定载气流量；使用同样的方法设定B路载气流量。载气流量的设定根据仪器配置的色谱柱和分离的组分的需要适当调整。将进样口温度设置为290℃。

④按“柱箱(OVEN)”，进入柱箱温度设定界面，设定初温、初温保持时间、升温速率和最高温度。

⑤按“检测器A”，进入检测器A设定界面。设定热导检测器温度时，依次按“Tool(工具)”“配置”设定参考气。按检测器“设定量程(RANGE)”和“衰减(ATTN)”，输入数值后按“ENTER”确认。

⑥检查仪器和电脑连接是否正常，电脑接收仪器信号是否正常。

⑦点击“设置”进入界面后选择正确的方法、序列、保存路径；填写合适的样品名称、构建小瓶序列，然后点击“确定”。等待仪器和工作站连接和准备就绪。

⑧当样品中含有固体物质时，通过静置或离心分离后，取中层溶液，从进样口进样品，然后点击“开始运行”。

⑨样品分析结束后在图谱编辑里查看结果数据，分析并记录结果。如需要关闭仪器，应先进入检测器界面，按“加热器关闭”，让检测器自然降温，最后进入进样器界面，按“加热器关闭”，让进样器自然降温。待检测器、进样器的温度降至室温附近，即可关闭电源，最后关闭各气源。

(4)计算。

采用气相色谱法测定三甘醇脱水溶液浓度，标样的配制方法是利用优级纯三甘醇，配制浓度接近待测样品的溶液。采用外标法，测量每个组分的峰面积，将样品和标样中相对应组分比较。按照公式计算得到溶液中水的浓度。

$$y_1 = y_{s1}\frac{A_1}{A_{s1}} \tag{6-45}$$

式中 y_1——样品中水的浓度,%；

y_{s1}——标准溶液中水的浓度,%；

A_1——样品中水的峰面积；

A_{s1}——标准溶液中水的峰面积。

TEG 溶液中 TEG 浓度的测定采用差减法，通过减去 TEG 溶液中水的浓度而得到 TEG 的浓度。TEG 溶液中 TEG 的浓度按式(6－46)计算得到。

$$y_2 = (1 - y_1) \times 100\% \tag{6-46}$$

式中 y_2——样品中 TEG 的浓度,%；

y_1——样品中水的浓度,%。

6.4.3 HCl 分析方法

1)总酸度的测定

(1)实验原理。

试料溶液以溴甲酚绿为指示剂，用氢氧化钠标准滴定溶液滴定至溶液由黄色变为蓝色为终点。

(2)实验过程。

①从试样中吸取约 3mL 盐酸，置于内装 15mL 水并已称量(精确至 0.0002g)的锥形瓶(100mL)中，混匀并称量，精确至 0.0002g。

②向试料中加 2～3 滴溴甲酚绿(1g/L 乙醇溶液)，用氢氧化钠标准滴定溶液滴定至溶液由黄色变为蓝色为终点。

(3)计算。

$$w = \frac{c \times V \times M}{10 \times m_0} \tag{6-47}$$

式中 w——盐酸的总酸度(以 HCl 计),%；

c——氢氧化钠标准滴定溶液浓度，mol/L；

V——氢氧化钠标准滴定溶液体积，mL；

M——氯化氢的摩尔质量，g/mol(M＝36.461g/mol)；

m_0——试料的质量，g。

2)铁含量的测定

(1)实验原理。

用盐酸羟胺将盐酸中三价铁离子还原成二价铁离子，在 pH 值为 4.5 的条件下，二价铁离子与邻菲罗啉反应生成橘红色络合物，在该络合物最大吸收值处(波长 510nm)用分光光度计测定吸光度。

(2)实验过程。

①量取 8.6mL 实验室样品，称量精确至 0.01g，置于内装 50mL 水的 100mL 容量瓶中，稀释至刻度，混匀。本溶液使用前配制。

②不加试料，采用与测定试料完全相同的实验步骤、试剂和用量进行空白实验。

③从试样吸取 10.00mL 样品置于 50mL 容量瓶中，加水至约 20mL，加 100g/L 氨水溶液调至溶液 pH 值为 2～3。然后加 1mL 100g/L 盐酸羟胺溶液，5mL pH≈4.5 乙酸－乙酸钠缓冲溶液和 2mL 2g/L 邻菲罗啉溶液，用水稀释至刻度，混匀，静置 15min。用 1cm 比色皿，在波长 510nm 处，以空白溶液调整分光度计吸光度为零，测定试料溶液的吸光度。

④工作曲线的绘制。

按要求吸取 0.100g/L 铁标准溶液，分别置于 6 个 50mL 容量瓶中(表 6－13)。

表6－13 铁标准溶液指标

铁标准溶液体积/mL	对应铁质量/μg
0	0
2.0	20
4.0	40
6.0	60
8.0	80
10.0	100

向每个容量瓶中分别加入100g/L盐酸羟胺溶液1mL、pH≈4.5乙酸－乙酸钠缓冲溶液5mL和2g/L邻菲罗啉溶液2mL，用水稀释至刻度，混匀。放置15min。分别测定各溶液的吸光度，以铁含量为横坐标，对应的吸光度为纵坐标绘制工作曲线。

(3)计算。

$$w = \frac{m}{m_0} \times 10^{-3} \qquad (6-48)$$

式中 w——氢氧化钠中铁的百分含量，%；

m——由工作曲线上查得的试料中铁的质量，μg；

m_0——试料质量，g。

6.4.4 工业用NaOH分析方法

1)NaOH含量的测定

(1)实验原理。

试样溶液中先加入氯化钡，将碳酸钠转化为碳酸钡沉淀，然后以酚酞为指示剂，用盐酸标准滴定溶液滴定至终点。

(2)实验过程。

①试样溶液的制备。

称取液体氢氧化钠(50±1)g，精确至0.01g，将已称取的样品置于已盛有约300mL水的1000mL容量瓶中，加水，溶解。冷却至室温，稀释至刻度，摇匀。

②测定。

移取50mL试样溶液，注入250mL三角瓶中，加入10mL氯化钡溶液，加入2～3滴酚酞指示液，在磁力搅拌器搅拌下，用盐酸标准滴定溶液滴定至微红色为终点。记下滴定所消耗的盐酸标准滴定溶液的体积。

(3)计算。

$$w = \frac{2 \times V_1 \times c \times M_1}{m} \qquad (6-49)$$

式中 w——氢氧化钠中铁的百分含量，%；

V_1——测定氢氧化钠含量时消耗的盐酸标准滴定溶液的体积，mL；

c——盐酸标准滴定溶液的浓度，mol/L；

m——试样的质量，g；

M_1——氢氧化钠的摩尔质量，g/mol(M_1 = 40.00g/mol)。

2)铁含量的测定

(1)实验原理。

抗坏血酸将试样溶液中 Fe^{3+} 还原成 Fe^{2+}，在 pH 值为 4～6 时，Fe^{2+} 同邻菲罗啉生成橙红色络合物，在分光光度计最大吸收波长(510nm)处测定其吸光度。

(2)实验过程。

①标准曲线的绘制。

根据试样溶液中预计的铁含量，在 100mL 容量瓶中分别加入给定体积的铁标准溶液，加水约至 60mL，再加 0.2mL 盐酸溶液和 1mL 抗坏血酸溶液，然后加 20mL 缓冲溶液和 10mL 1，10－菲罗啉溶液，用水稀释至刻度、摇匀，静置 10min。选择适宜的比色皿，于最大吸收波长处，以水为参比，将分光光度计的吸光度调至零，进行吸光度的测定。

从标准比色溶液的吸光度中扣除空白实验吸光度，以 100mL 标准比色液中铁的质量(μg)为横坐标，与其相对应的吸光度为纵坐标，绘制标准曲线或一元线性回归曲线。

②试样溶液制备。

称取 10～15g 氢氧化钠液体试样(精确到 0.01g)，置于适当容量的烧杯中，加水溶解至约 120mL。加 2～3 滴对硝基酚指示液，用盐酸中和至无色。再过量 1mL，煮沸 5min，冷却至室温。移入 250mL 容量瓶中，用水稀释至刻度、摇匀。

③空白实验。

不加试样溶液，加 120mL 水和中和试样等量的盐酸于适量的烧杯中，加 2～3 滴对硝基酚指示液，用氨水中和至浅黄色，逐滴加入盐酸调至溶液为无色，再过量 1mL，煮沸 5min，冷却至室温，移入 250mL 容量瓶中，用水稀释至刻度、摇匀。

④显色。

分别移取 50.00mL 试样溶液和 50.00mL 空白溶液，置于 100mL 容量瓶中，用盐酸溶液或氨水溶液调节 pH 值约为 2(用精密试纸检查 pH)。加 1mL 抗坏血酸溶液，然后加 20mL 缓冲溶液和 10mL 1，10－菲罗啉溶液，用水稀释至刻度、摇匀。静置 10min。

⑤试样吸光度的测定，记录。

(3)计算。

$$w = 1.4297 \times \frac{5 \times m_2 \times 10^{-6}}{m_1} \times 100\% \qquad (6-50)$$

式中 w——铁的质量分数,%；

m_1——试样的质量，g；

m_2——与扣除空白后的试样吸光度相对应的由标准曲线上查得的或一元线性回归方程计算的铁的质量，μg；

1.4297——铁与三氧化二铁的折算系数。

6.5 润滑油分析

润滑油监测的主要目的是确保设备正常运行、延长设备使用寿命、提高设备运行效率。下面主要介绍润滑油机械杂质、闪点、水分、酸值、运动黏度等指标检测方法，根据指标分析结果，判断换油周期，从而确保设备在最佳状态下运行。

6.5.1 石油产品和添加剂机械杂质的测定(重量法)

(1)实验原理。

称取一定量的试样，溶于所用的溶剂中，用已恒重的滤器过滤，被留在滤器上的杂质即为机械杂质。

(2)实验仪器。

实验仪器包括真空泵、水浴或电热板、红外线灯泡。

(3)准备工作。

①将装在玻璃瓶中的试样(不超过瓶容积的四分之三)，摇动5min，使混合均匀。黏稠的石油产品应预先加热到40~80℃，然后用玻璃棒仔细搅拌5min。

②将定量滤纸放在敞盖的称量瓶中，在105~110℃下的烘箱中干燥不少于1h，盖上盖子放在干燥器中冷却30min，进行称量，称准至0.0002g，干燥(第二次干燥只需30min)及称量操作重复至连续两次称量间的差值不超过0.0004g。

③在采用滤纸并以乙醇-乙醚混合液、乙醇-苯混合液为洗涤剂而不继续以蒸馏水洗涤时，应将滤纸折叠放在玻璃漏斗中，用50mL温热的上述溶剂洗涤，然后干燥和恒重。

(4)实验过程。

①从混合好的石油产品中称取试样100g，称准至0.5g。

②往盛有石油产品试样的烧杯中加入温热的溶剂油，加入溶剂油量为试样的2~4倍。作为试样用的溶剂油或苯应在水浴上预热，在预热时不要使溶剂沸腾。

③趁热将试样的溶液用恒重好的滤纸过滤，该滤纸安置在固定于漏斗架上的玻璃漏斗中，溶液沿着玻璃棒倒在滤纸上，过滤时倒入漏斗中溶液高度不得超过滤纸的四分之三、用热的石油醚将残留在烧杯中的沉淀物洗到滤纸上。

④在测定难以过滤的试样时，试样溶液的过滤和冲洗滤纸，用红外线灯泡保温等措施。

⑤在带有沉淀的滤纸和过滤器冲洗完毕后，将带有沉淀的滤纸放入已恒重的称量瓶中，敞开盖子，放在105~110℃烘箱中干燥不少于1h，然后盖上盖子放在干燥器中冷却30min，进行称量，称准至0.0002g。重复干燥(第二次干燥只需30min)及称量的操作，直至两次连续称量间的差数不超过0.0004g。

(5)计算。

$$w=\frac{(m_2-m_1)-(m_4-m_3)}{m}\times 100\% \tag{6-51}$$

式中 w——试样的机械杂质含量，%；

m_1——滤纸和称量瓶的质量，g；

m_2——带有机械杂质的滤纸和称量瓶的质量，g；

m_3——空白实验过滤前滤纸和称量瓶的质量，g；

m_4——空白实验过滤后滤纸和称量瓶的质量，g；

m——试样的质量，g。

6.5.2 石油产品闪点的测定

(1)实验原理。

把试样装入实验杯至规定的刻度。先迅速升高试样的温度，然后慢慢升温。当接近闪点时，恒速升温。在规定的温度间隔，以一个小的实验火焰横着越过实验杯，使试样表面上的蒸气闪火的最低温度，作为闪点。

(2)实验过程。

①将试样装入实验杯中，使弯月面的顶部恰好到装试样刻度。

②点燃实验火焰，并调节火焰直径到4mm左右。

③开始加热时，试样的升温速度为每分钟14~17℃。当试样温度到达预期闪点前56℃时，减慢加热速度，控制升温速度，使其在闪点前约28℃时，为每分钟5~6℃。

④在预期闪点前28℃时，开始用实验火焰扫划，温度计上的温度每升高2℃，就扫划一次。实验火焰须在通过温度计直径的直角线上划过实验杯的中心。用平稳、连续的动作扫划，扫划时以直线或沿着半径至少为150mm的周围来进行。实验火焰的中心必须在实验杯上边缘面上2mm处以内的平面上移动，先向一个方向扫划，下次再向相反的方向扫划。实验火焰越过实验杯所需时间约为1s。

⑤当试样液面上任一点出现闪火时立即记下温度计上的温度读数作为闪点。

6.5.3 石油产品水分的测定

(1)实验原理。

一定量的试样与无水溶剂混合，进行蒸馏测定其水分含量并以百分数表示。

(2)实验过程。

①将装入量不超过瓶内容积3/4的试样摇动5min，混合均匀。在预先洗净并烘干的圆底烧瓶中放入摇匀的试样100g，称准至0.1g。

②将接收器支管紧密地安装在圆底烧瓶，使支管的斜口进入圆底烧瓶15~20mm。在接收器上连接直管式冷凝管。冷凝管的内壁要预先用棉花擦干。

③用加热套加热圆底烧瓶，并控制回流速度，使冷凝管的斜口每秒滴下2~4滴液体。蒸馏将近完毕时，如果冷凝管内壁沾有水滴，应使圆底烧瓶中的混合物在短时间内进行剧烈沸腾，利用冷凝的溶剂将水滴洗入接收器中。

④接收器中收集的水体积不再增加，而且溶剂的上层完全透明时，应停止加热。回流的时间不应超过1h。圆底烧瓶冷却后，将仪器拆卸，读出接收器中收集水的体积。

(3)计算。

$$w = \frac{V \times \rho_{水}}{m_0} \times 100\% \tag{6-52}$$

式中 w——水分含量,%；

V——在接收器中收集水的体积，mL；

$\rho_{水}$——水的密度，取值为1.00g/cm^3；

m_0——试样的质量，g。

6.5.4　石油产品酸值的测定

(1)实验原理。

用沸腾乙醇抽出试样中的酸性成分，然后用氢氧化钾乙醇溶液进行滴定。

(2)实验过程。

①用清洁、干燥的锥形烧瓶称取试样8~10g，称准至0.2g。

②另一只清洁无水的锥形烧瓶中，加入95%乙醇50mL，装上回流冷凝管。在不断摇动下，将溶液煮沸5min，除去溶解于95%乙醇内的CO_2。在煮沸过的95%乙醇中，加入0.5mL碱性蓝6B溶液，趁热用0.05N氢氧化钾乙醇溶液滴定直至溶液由蓝色变成浅红色。

③将中和过的95%乙醇注入装有已称好试样的锥形瓶中，并装上回流冷凝管。在不断摇动下，将溶液煮沸5min。在煮沸过的混合液中，加入0.5mL碱性蓝6B溶液，趁热用0.05N氢氧化钾乙醇溶液滴定直至95%乙醇层由蓝色变成浅红色。

(3)计算。

$$X=\frac{V\times T}{G} \tag{6-53}$$

$$T=56.1\times N \tag{6-54}$$

式中　X——酸值，mgKOH/g；

V——滴定时所消耗氢氧化钾乙醇溶液的体积，mL；

G——试样的质量，g；

T——氢氧化钾乙醇溶液的滴定度，mgKOH/mL；

56.1——氢氧化钾的克当量；

N——氢氧化钾乙醇溶液的当量浓度，N。

6.5.5　石油产品运动黏度的测定

(1)实验原理。

在某一恒定的温度下，测定一定体积的液体在重力下流过一个标定好的玻璃毛细管黏度计的时间，黏度计的毛细管常数与流动时间的乘积，即为该温度下测定液体的运动黏度。黏度计如图6-4所示。

(2)实验过程。

①在"黏度测试"界面下，输入样品名，等待浴槽温度达到设定的目标温度并且稳定后，按下"测试"并"确定"准备进样。

②用移液管从样品中抽吸0.3~0.5mL样品，注入黏度管。移液管实际定量需根据被测试样品的黏度而定，当样品的前端到达上检测器时，样品的尾端在图6-4中A和B的中点最为适宜。如果样品的尾端在A和B的两侧则本次测试作废。

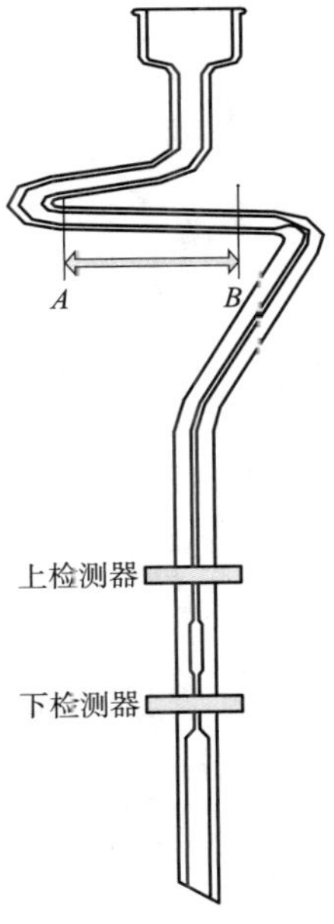

图6-4　黏度计

思考与练习

1. 如何判定固体工业硫黄产品质量等级?
2. 气相色谱仪的工作原理是什么?
3. 快速消解分光光度法测定水中化学需氧量的误差来源，简述至少3种。
4. 简述MDEA中H_2S含量的分析方法。
5. 采用自动电位滴定仪法测定MDEA浓度时，选用什么电极为指示电极?
6. 采用自动电位滴定法测定胺液中H_2S含量应选用什么模式?
7. 采用自动电位滴定法测定胺液中CO_2的原理是什么?
8. 简述HCl中铁离子含量测定的分析原理。

第 7 章　误差与数据处理

化验分析的重要任务是准确测定试样中组分的含量。了解误差，正确使用有效数字，用合乎科学的数据处理获得准确的分析结果，是化验人员的基本功之一。本章重点讲述准确度和精确度的概念和关系，误差产生的原因和消除方法，以及有效数字和有效数字的运算规则，同时通过引入不确定度相关知识，可实现测量结果更全面、科学的表达，便于更有效评价测量质量，更科学严谨地为后续的数据分析和决策提供依据。

7.1　准确度和精确度

在任何一项分析工作中，我们都可以看到用同一个分析方法，测定同一个样品，虽然经过多次测定，但是测定结果总不会是完全一样，这说明在测定中有误差。为此我们必须了解误差产生的原因及其表示方法，尽可能将误差减到最小，以提高分析结果的准确度。

7.1.1　真实值、平均值与中位数

1）真实值

物质中各组分的实际含量称为真实值，它是客观存在的，但不可能准确地知道。

2）平均值

（1）总体与样本。

总体（或母体）是指随机变量 x_i 的全体。样本（或子样）式是指从总体中随机抽出的一组数据。

（2）总体平均值与样本平均值。

在日常分析工作中，总是对某试样平行测定数次，取其算术平均值作为分析结果，若以 x_1，x_2，…，x_n 代表各次的测定值，n 代表平行测定的次数，$\overline{X}$ 代表样本平均值，则：

$$\overline{X} = \frac{x_1 + x_2 + \cdots + x_n}{n} \tag{7-1}$$

样本平均值不是真实值，只能说明是真实值的最佳估计，只有在消除系统误差之后并且定次数趋于无穷大时，所得总体平均值才代表真实值。

（3）中位数。

一组测量数据按大小顺序排列，中间一个数据即为中位数。当测定次数为偶数时，中位数为中间相邻两个数据的平均值。它的优点是能简便地说明一组测量数据的结果，不受两端具有过大误差数据的影响。缺点是不能充分利用数据。

7.1.2 准确度与误差

准确度是指测定值与真实值之间相符合的程度。准确度的高低常以误差的大小来衡量。即误差越小，准确度越高；误差越大，准确度越低。

误差有两种表示方法：

(1)测得的数值与真实数值之间的差数称为“绝对误差”。

(2)绝对误差与真实数据的比值称为“相对误差”。

由于测定值可能大于真实值，也可能小于真实值，所以绝对误差和相对误差都有正、负之分。

7.1.3 精密度与偏差

精密度是指在相同条件下 n 次重复测定结果彼此相符合的程度。精密度的大小用偏差来表示，偏差越小说明精密度越高。

1)偏差

偏差有绝对偏差和相对偏差：

绝对偏差是指单次测定值与平均值的偏差；

相对偏差是指绝对偏差在平均值中所占的百分比。

绝对偏差和相对偏差都有正、负之分，单次测定的偏差和等于零。

2)算术平均差

算术平均差是指单次测定值与平均值的偏差(取绝对值)之和，除以测定次数。算术平均差和相对平均偏差不计正负。

3)标准偏差

在数理统计中常用标准偏差来衡量精密度。

(1)总体标准偏差。

总体标准偏差用来表达测定数据的分散程度。

(2)样本偏差。

一般测定次数有限，只能用样本标准偏差来表示精密度。

(3)相对标准偏差。

相对标准偏差是指标准偏差在平均值中所占的百分比。

(4)极差。

一般分析中，平行测定次数不多，常用极差来说明偏差的范围，极差也称全距，用于评价一组数据的离散度。极差的相对值称为相对极差，可用于表示数值的离散(集中)程度。

$$\text{极差}(R) = \text{测定最大值} - \text{测定最小值} \tag{7-2}$$

$$\text{相对极差} = \frac{\text{极差}\ R}{\text{数据平均值}\ \overline{X}} \times 100\% \tag{7-3}$$

(5)公差。

公差也称允差，是指某分析方法所允许的平行测定间的绝对偏差，公差的数值是将多次测得的分析数据经过数理统计方法处理而确定的，是生存实践中判断分析结果是否合格的依据。若两次平行测定的数值之差在规定允差绝对值的两倍以内，认为有效，如果测定结果超出允许的公差范围，称为超差，此时应重做。

7.1.4　准确度与精密度的关系

准确度和精密度是两个不同的概念，它们之间有一定的关系。现举例说明：例如现有3组各分析5次结果的数据如表7－1所示。

表7－1　误差数据分组

组别	一	二	三	四	平均值
第一组	0.20	0.20	0.18	0.17	0.19
第二组	0.40	0.30	0.25	0.23	0.30
第三组	0.36	0.35	0.34	0.33	0.35

由表7－1可见：

(1)第一组测定的结果：精密度很高，但平均值与标准值相差很大，说明准确度很低。

(2)第二组测定的结果：精密度不高，测定数据较分散，虽然平均值接近标准值，但这是凑巧来的，如只取2次或3次来平均，结果与标准值相差较大。

(3)第三组测定的结果：测定的数据较集中并接近标准数据，说明其精密度与准确度都较高。

由此可见，欲使准确度高，首先精密度要高。但精密度高并不说明其准确度也高，因为可能在测定中存在系统误差，可以说精密度是保证准确度的先决条件。

7.2　误差来源与消除误差

我们进行样品分析的目的是获取准确的分析结果，然而即使我们用最可靠的分析方法，最精密的仪器，熟练细致的操作，所测得的数据也不可能与真实值完全一致。这说明误差是客观存在的。为了将误差减小到允许的范围，我们必须了解误差的性质和产生的原因以及减小误差的方法。

7.2.1　误差来源

1)过失误差

过失误差也称粗差。这类误差明显地歪曲测定结果，是由测定过程中犯了不应有的错误造成的。例如，标准溶液超过保存期，浓度或价态已经发生变化而仍在使用；器皿不清洁；不严格按照实验步骤或不准确地按分析方法进行操作；弄错试剂或吸管；试剂加入过量或不足；操作过程当中试样受到大量损失或污染；仪器出现异常未被发现；读数、记录及计算错误等，都会产生误差。过失误差无一定的规律可循，这些误差基本上是可以避免的。消除过失误差的关键，在于分析人员必须养成专心、认真、细致的良好工作习惯，不断提高理论和操作技术水平。

2)系统误差

系统误差又称可测误差或恒定误差，往往是由不可避免的因素造成的。在分析测定工作中系统误差产生的原因主要有：方法误差、仪器误差、人员误差、环境误差、试剂误差等。

(1)方法误差。

方法误差又称理论误差，是由测定方法本身造成的误差，或是由于测定所依据的原理本身不完善而导致的误差。例如，在重量分析中，由于沉淀的溶解，共沉淀现象，灼烧时沉淀分解或挥发等；在滴定分析中，反应进行不完全或有副反应，干扰离子的影响，使得滴定终点与理论等当点不能完全符合，如此等等原因都会引起测定的系统误差。

(2)仪器误差。

仪器误差也称工具误差，是测定所用仪器不完善造成的。分析中所用的仪器主要指基准仪器(天平、玻璃量具)和测定仪器(如分光光度计等)。由于天平是分析测定中最基本的基准仪器，故应由计量部门定期进行检校。

市售的玻璃量具(容量瓶、移液管、滴定管、比色管等)，其真实容量并非全部都与其标称的容量相符，对一些要求较高的分析工作，要根据容许误差范围，对所用的仪器进行容量检定。

分析所用的测定仪器，要按说明书进行调校。在使用过程中应随时进行检查，以免发生异常而造成测定误差。

(3)人员误差。

由测定人员的分辨力、反应速度的差异和固有习惯引起的误差称为人员误差。这类误差往往因人而异，因而可以采取让不同人员进行分析，以平均值报告分析结果的方法予以限制。

(4)环境误差。

由测定环境带来的误差称为环境误差。例如室温、湿度不是所要求的标准条件，测定时仪器振动和电磁场、电网电压、电源频率等变化的影响，室内照明影响滴定终点的判断等。在实验中如发现环境条件对测定结果有影响，应重新进行测定。

(5)试剂误差。

试剂误差是指由于所用蒸馏水含有杂质或所使用的试剂不纯，所引起的测定结果与实际结果之间的偏差。发生试剂误差，需要查找试剂不合格的原因，重新配制试剂进行测定。

3)随机误差

随机误差在以往的分析测定文献中称为“偶然误差”，但“偶然误差”这一名词经常给人以误会，以为“偶然误差”是偶然产生的误差。其实，偶然误差并不是偶然产生的，而是必然产生的，只是各种误差的出现有着确定的概率罢了，因此建议不要用偶然误差一词，而用随机误差这个名词。

随机误差是指，在实际相同的条件下，对同一量进行多次测定时，单次测定值与平均值之间的差异的绝对值和符号无法预计的误差。这种误差是由测定过程中各种随机因素的共同影响造成的。在一次测定中，随机误差的大小及其正负是无法预计的，没有任何规律性。在多次测定中，随机误差的出现具有统计规律性，即随机误差有大有小，时正时负；绝对值小的误差比绝对值大的误差出现的次数多；在一定的条件下得到的有限个测定值中，其误差的绝对值不会超过一定的界限；在测定的次数足够多时，绝对值相近的正误差与负误差出现的次数大致相等，此时正负误差相互抵消，随机误差的绝对值趋向于零。分析工作者在用平均值报告分析结果时，正是运用了这一概率定律，在排除了系统误差的情况下，用增加测定次数的办法，使平均值成为与真实值较吻合的估计值。

7.2.2　提高分析结果准确度的方法

要提高分析结果的准确度，必须考虑在分析过程中可能产生的各种误差，采取有效措施，将这些误差减少到最小。

(1)选择合适的分析方法。

各种分析方法的准确度是不同的。化学分析法对高含量组分的测定能获得准确和较满意的结果，相对误差一般在千分之几。而对低含量组分的测定，化学分析法就达不到这个要求。仪器分析法虽然误差较大，但是由于灵敏度高，可以测出低含量组分。在选择分析方法时，一定要根据组分含量及对准确度的要求，在可能条件下选最佳分析方法。

(2)增加平行测定的次数。

如前所述增加测定次数可以减少随机误差。在一般分析工作中，测定次数为2～4次。如果没有意外误差发生，基本上可以得到比较准确的分析结果。

(3)消除测定中系统误差。

消除测定中系统误差可采取以下措施：

一是做空白实验，即在不加试样的情况下，按试样分析规程在同样操作条件下进行的分析，所得结果的数值称为空白值，然后从试样结果中扣除空白值就得到比较可靠的分析结果；

二是注意仪器校正，测量数据参与分析结果计算的计量仪器，如滴定管、移液管、容量瓶和分析天平砝码，都应进行校正，以消除仪器不准所引起的系统误差；

三是做对照实验，对照实验就是用同样的分析方法在同样的条件下，用标样代替试样进行的平行测定。将标样的已知含量 x_s 与对照实验的测定结果 $\bar{x}$ 相比，其比值称为校正系数 C_r，则：

$$C_r = \frac{x_s}{\bar{x}} \tag{7-4}$$

被测试样的组分含量 X_c，测得值为 $\overline{X}$，则：

$$X_c = C_r\overline{X} \tag{7-5}$$

综上所述，在分析过程中检查有无系统误差存在，做对照实验是最有效的办法。通过对照实验可以校正测试结果，消除系统误差。

7.3　有效数字及运算规则

7.3.1　有效数字

为了取得准确的分析结果，不仅要准确进行测量，而且要正确记录与计算。所谓正确记录是指正确记录数字的位数。所谓有效数字就是实际能测得的数字。有效数字不仅表明数量的大小，而且也反映测量的准确度。

有效数字就是一个数从左边第一个不为0的数字数起到精确的数位止，所有的数字称为有效数字。简单地说，把一个数字前面的0都去掉，从第一个正整数到精确的数位止所有的都是有效数字了。如：0.0109，前面两个0不是有效数字，后面的109均为有效数字（注意，中间的0也算）；0.0230，前面的两个0不是有效数字，后面的230均为有效数字（后面的0也算）；1.20有3个有效数字；1100.024有7个有效数字；再如：4500不好确定有几个有效数字，应根据实际有效数字位数书写成：4.5×10^3，2位有效数字。

7.3.2 有效数字运算规则

在分析计算中，有效数字的保留也很重要。正确运用有效数字规则进行运算，不但能反映出计算结果的可信程度，而且能大大简化计算过程。在滴定分析中一般采用四位有效数字。下面仅就加减和乘除法的运算规则加以讨论。

（1）加减法。

在加减法运算中，保留有效数字的位数，以小数点后位数最少的为准，即以绝对误差最大的为准。例如：$213.64+4.402+0.3244=218.3664\approx218.37$。

（2）乘除法。

乘除法运算中，保留有效数字的位数，以位数最少的数为准，即以相对误差最大的数为准。例如：$0.0121\times25.64\times1.05782=0.32818230808\approx0.328$。

（3）分析结果报出的位数。

在报出分析结果时，分析结果数据≥10%时，保留4位有效数字；数据在1%～10%时，保留3位有效数字；数据≤1%时，保留2位有效数字。

7.3.3 数字修约规则

数值修约是通过省略原数值的最后若干位数字，调整所保留的末位数字，使最后所得到的值最接近数值的过程。根据《数值修约规则与极限数值的表示和判定》（GB/T 8170—2008）对数字采取四舍六入五留双的规则。具体如下：

（1）当拟舍弃数字的最左一位数字小于或等于4时，则舍去，保留其余各位数字不变。

例如，将下列数字全部修约到两位小数，结果为：

10.2731→10.27；

18.5049→18.50；

16.4005→16.40；

27.1829→27.18。

（2）当拟舍弃数字的最左一位数字大于或等于6时，则进一，即保留数字的末位数字加1。

例如，将下列数字全部修约到两位小数，结果为：

16.7777→16.78；

10.29701→10.30；

21.0191→21.02。

(3)当拟舍弃数字的最左一位数字是5，且其后无数字或皆为0时，应看“5”的前一位：若前一位数字此时为奇数，就应向前进一位；若前一位数字此时为偶数，则舍去。数字“0”在此时应被视为偶数。

例如，将下列数字全部修约到两位小数，结果为：

12.6450→12.64；

18.2750→18.28；

12.7350→12.74；

21.845000→21.84。

(4)当拟舍弃数字的最左一位数字是5，且其后有非0数字时，无论前一位在此时为奇数还是偶数，也无论“5”后面不为0的数字在哪一位上，都应向前进一位。

例如，将下列数字全部修约到两位小数，结果为：

12.73507→12.74；

21.84502→21.85；

12.64501→12.65；

18.27509→18.28。

(5)按照四舍六入五留双规则进行数字修约时，也应像四舍五入规则那样，一次性修约到指定的位数，不可以进行数次连续修约，否则得到的结果也有可能是错误的。

例如，将数字10.2749945001修约到两位小数时，应一步到位：

10.2749945001→10.27(正确)；

如果按照四舍六入五留双规则修约将得到错误结果：

10.2749945001→10.274995→10.275→10.28(错误)。

7.4　测量不确定度

7.4.1　基本概念

1)测量不确定度

测量不确定度简称不确定度，是表征合理地赋予被测量之值的分散性，与测量结果相联系的参数。此参数可以是诸如标准偏差，或其倍数，或是说明了包含概率区间的半宽度。

测量不确定度由多个分量组成。其中一些分量可用一系列测量值的统计分布，按测量不确定度的A类评定进行评定，并用标准偏差表征。另一些分量则可根据基于经验或其他信息获得的概率密度函数，按测量不确定度的B类评定进行评定，也用标准偏差表征。

测量结果应理解为被测量之值的最佳估计，而所有的不确定度分量均贡献给了分散性，包括那些由系统效应引起的(如与修正值和参考标准有关的)分量。

在不确定度的定义中的“被测量之值”理解为“测得值”，“测得值”有时也称为“观测值”，是指从一次观测中由测量仪器或量具的显示装置中所得到的单一值。一般地说，它并不是测量结果。

2）测量结果

测量结果是指与其他有用的相关信息一起赋予被测量的一组量值。测量结果仅仅是被测量的最佳估计值，并非真值。完整表述测量结果时，必须附带其测量不确定度。

测量结果是指对测得值经过恰当处理（按一定的规则确定并剔除测得值中的离群值）、修正（指必须加上由各种原因引起的必要的修正值或乘以必要的修正因子）或经过必要的计算而得到的最后提供给用户的量值，可能是单次测量的结果，也可能是重复条件下多次测量的平均值。

3）误差与测量不确定度的区别

测量误差（简称为误差）的定义为"测量结果减去被测量的真值"。误差应该是一个确定的值，是客观存在的测量结果与真值之间差。

误差的概念出现较早，但在对测量结果进行误差评定时，会遇到两个方面的问题。一是逻辑概念上的问题，我们把被测量在观测时所具有的大小称为真值，只是一个理想的概念，只有通过完善的测量才有可能得到，但是任何测量都会存在缺陷，真正完善的测量是不存在的，也就是说严格意义上的真值是无法得到的，因此，严格意义上的误差也无法得到；二是评定方法的问题，根据误差的定义，误差是一个差值，它是测量结果与真值或约定真值之差，在数轴上它表示为一个点，而不是一个区间或范围，既然是一个差值，就应该是一个具有符号的量值，不可以"±"号的形式表示。

误差理论因逻辑概念和评定方法的问题难以统一，不同测量结果之间缺乏可比性，用测量不确定度来统一评价测量结果的质量顺应科技与全球化的发展。

在不确定度定义中，"被测量之值"应理解为多个测量结果。所谓多个测量结果，就是它不仅包括通过测量得到的测量结果，还应包括测量中没有得到但又可能出现的测量结果。例如：用一台电压表测量某一电压，且电压表读数不加修正值，若对于该测量点电压表的最大允许误差为 ±1V，用该电压表进行了 20 次重复测量，则该 20 个读数的平均值就是测量结果，还可以由它们得到测量结果的分散性。测量不确定度就是表征合理地赋予"被测量之值"的分散性，因此，不确定度表示一个区间，即"被测量之值"可能分布区间。这是测量不确定度与误差的最根本的区别。

测量不确定度反映了测量结果的质量。通常认为不确定度小，测量结果的质量高，只要不确定度满足要求，即认为质量好（表 7－2）。

表 7－2　误差与不确定度的区别

序号	测量误差	测量不确定度
1	有正号或负号的量值，其值为测量结果减去被测量的真值	无符号的参数，用标准偏差或标准偏差的倍数或包含概率的半宽表示
2	以真值为中心，说明测量结果与真值的差异程度（表明测量结果偏离真值）	以测量结果为中心，评估测量结果与被测量"真"值相符合的程度（表明被测量值的分散性）
3	客观存在，不以人的认识程度而改变	与人们对被测量、影响量及测量过程的认识有关
4	由于真值未知，往往不能准确得到，当用约定真值代替真值时，可以得到其估计值	可以由人们根据实验、资料、经验等信息进行评定，从而是可以定量确定，评定方法有 A、B 两类

续表

序号	测量误差	测量不确定度
5	按性质可分为随机误差和系统误差两类，按定义随机误差和系统误差都是无穷多次测量情况下的理想概念	不确定度分量评定时一般不必区分其性质，若需要区分时应表述为："由随机效应引入的不确定度分量"和"由系统效应引入的不确定度分量"
6	已知系统误差的估计值时可以对测量结果进行修正，得到已修正的测量结果	不能用不确定度对测量结果进行修正，在已修正测量结果的不确定度中应考虑修正不完善而引入的不确定度

7.4.2　测量不确定度的评定方法

测量不确定度的评定方法有两种。

1) GUM 法

通过不确定度传播律计算合成标准不确定度，从而得到被测量估计值的测量不确定度的方法称为 GUM 法，即不确定度指南的方法。GUM 法是评定测量不确定度的最基本方法。GUM 法的使用详见《测量不确定度评定与表示》(JJF 1059.1—2012)。

(1) GUM 法的主要适用条件。

①可以假设输入量的概率分布呈对称分布。

②可以假设输出量的概率分布近似为正态分布或 t 分布。

③测量模型为线性模型、可以转化为线性的模型或可用线性模型近似的模型。

(2) GUM 法评定测量不确定度的步骤。

①明确被测量，必要时给出被测量的定义及测量过程的简单描述。

②分析不确定度的来源并写出测量模型。

③评定测量模型中的各输入量的标准不确定度 $u(x_i)$，计算灵敏系数 c_i，从而给出与各输入量相对应的输出量 y 的不确定度分量 $u(y_i)=|c_i|u(x_i)$。

④计算合成标准不确定度 $u_c(y)$，计算时应考虑各输入量之间是否存在值得考虑的相关性，对于非线性测量模型则应考虑是否存在值得考虑的高阶项。

⑤列出不确定度分量的汇总表，表中应给出每一个不确定度分量的详细信息。

⑥对被测量的概率分布进行估计，并根据概率分布和所要求的包含概率 p 确定包含因子 k_p。

⑦在无法确定被测量 y 的概率分布时，或该测量领域有规定时，也可以直接取包含因子 $k=2$。

⑧由合成标准不确定度 $u_c(y)$ 和包含因子 k 或 k_p 的乘积，分别得到扩展不确定度 U 或 U_p。

⑨给出测量不确定度的最后陈述，其中应给出关于扩展不确定度的足够信息。利用这些信息，至少应该使用户能根据所给的扩展不确定度进而评定其测量结果的合成标准不确定度。

GUM 法评定测量不确定度的流程如图 7-1 所示。

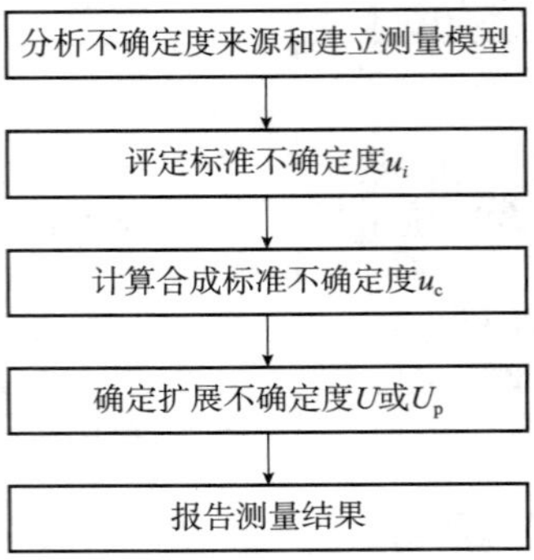

图 7－1　GUM 法评定测量不确定度的流程

2）蒙特卡洛法

当不能同时满足上述 GUM 法的适用条件时，可考虑采用蒙特卡洛法评定测量不确定度。《测量不确定度评定与表示》（JJF 1059.1—2012）中还规定，有时虽然 GUM 法的使用条件不完全满足，当用 GUM 法评定的结果得到蒙特卡洛法验证时，则依然可以用 GUM 法评定测量不确定度。

蒙特卡洛法简称 MCM，是采用概率分布传播的方法，即通过对输入量 X_i 的概率密度函数（PDF）离散抽样，由测量模型传播输入量的分布，计算获得输出量 Y 的 PDF 的离散抽样值，进而由输出量的离散分布数值直接获取输出量的最佳估计值、标准不确定度和包含区间。蒙特卡洛法评定测量不确定度时必须有相应的计算软件进行计算，评定后报告的结果不用合成标准不确定度和扩展不确定度，而是被测量的估计值 y 及 y 的标准不确定度 $u(y)$，以及在约定包含概率 p 时的 Y 的包含区间 $[y_{low}, y_{high}]$，包含区间不一定是对称的。

7.4.3　测量不确定度的评定步骤（GUM 法）

测量不确定度的评定步骤比较复杂，详细过程见《测量不确定度评定与表示》（JJF 1059.1—2012）。本书仅对评定流程做简单介绍。

1）因素分析

分析影响测量不确定度的各种因素，找到关键的影响量。测量不确定度的来源。

（1）测量的定义不完整。

（2）实现被测量定义的方法不理想。

（3）取样的代表性不够，即被测量的样本不能完全代表所定义的被测量。

（4）对测量过程受环境影响的认识不周全或对环境条件的测量与控制不完善。

（5）对模拟式仪器的读数存在认为偏差（偏移）。

（6）测量仪器的计量性能（如灵敏度、鉴别力、分辨力、死区及稳定性等）的局限性。

（7）赋予标准物质的值不准确。

（8）引用的数据或其他参量的不确定度。

（9）与测量方法和测量程序有关的近似性和假定性。

（10）在表面上完全相同条件下被测量在重复观测中的变化。

2）建立数学模型

数学模型是指被测量 Y 与各输入量 X_i 之间的函数关系，若被测量 Y 的测量结果为 y，输入量 X_i 的估计值为 x_i，则有：

$$y=f(x_1, x_2, \cdots, x_N) \tag{7-6}$$

数学模型不是唯一的，如果采用不同的测量方法和不同的测试程序，就可能有不同的数学模型。数学模型可用已知的物理公式求得，也可用实验的方法确定，甚至只用数值方程给出。

3）标准不确定度分量的评定

不确定度依据其评定方法可分为 A、B 两类。A 类标准不确定度由以观测列频率分布导出的概率密度函数得到；B 类标准不确定度由一个认定的或假定的概率密度函数得到。

（1）标准不确定度的 A 类评定。

对被测量进行独立重复观测，通过所得到的一系列测得值，用统计分析方法获得实验标准偏差 $s(x)$，当用算术平均值 $\bar{x}$ 作为被测量估计值时，被测量估计值的 A 类标准不确定度按式（7－7）计算。

$$u_A=u(\bar{x})=s(\bar{x})=\frac{s(x)}{\sqrt{n}} \tag{7-7}$$

标准不确定度的 A 类评定流程见图 7－2。

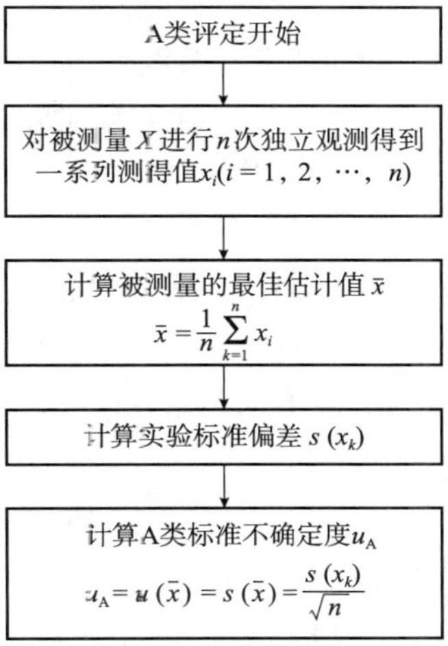

图 7－2　标准不确定度的 A 类评定流程

（2）标准不确定度的 B 类评定。

根据经验和有关信息或资料，先分析或判断被测量的可能值区间$[\bar{x}-a, \bar{x}+a]$，假设被测量值的概率分布，再按概率分布和要求的概率 p 确定包含因子 k，则 B 类标准不确定度 u_B 为：

$$u_B=\frac{a}{k} \tag{7-8}$$

式中　a——被测量可能值区间的半宽度；

　　k——对应于包含概率的包含因子。

标准不确定度的 B 类评定流程见图 7－3。

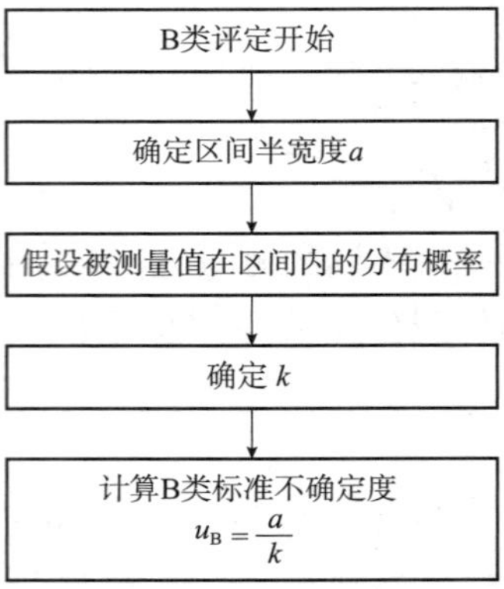

图 7－3　标准不确定度的 B 类评定流程

4）合成标准不确定度[$u_c(y)$]的计算

$$u_c(y) = \sqrt{\sum_{i=1}^{N}\left(\frac{\partial f}{\partial x_i}\right)^2 u^2(x_i) + 2\sum_{i=1}^{N-1}\sum_{j=i+1}^{N}\frac{\partial f}{\partial x_i}\frac{\partial f}{\partial x_j}r(x_i,x_j)u(x_i)u(x_j)} \tag{7-9}$$

式中　x_i，x_j——输入量 X 的估计值，又称第 i（第 j）个输入量的估计值，$i \neq j$；

$\frac{\partial f}{\partial x_i}$，$\frac{\partial f}{\partial x_j}$——偏导数，又称灵敏系数，分别用 c_i 和 c_j 表示；

$u(x_i)$，$u(x_j)$——输入量 x_i 和 x_j 的标准不确定度；

$r(x_i, x_j)$——输入量 x_i 和 x_j 之间的相关系数。

实际工作中，若各输入量之间均不相关，或虽有部分输入量相关，但其相关系数较小而近似认为 $r(x_i, x_j)=0$，于是 $u_c(y)$ 可简化为：

$$u_c(y) = \sqrt{\sum_{i=1}^{N}\left(\frac{\partial f}{\partial x_i}\right)^2 u^2(x_i)} = \sqrt{\sum_{i=1}^{N} c_i^2 u^2(x_i)} \tag{7-10}$$

所谓相关性是指两个变量之间的相互依赖性。通俗地说，当一个变量发生改变时，统计地说能引起另一个变量的变化，则我们称这两个变量之间存在某种相关性。在实际测量工作中，经常会遇到相关性的问题，例如：

（1）若测量两个输入量时，采用了同一台仪器，同样的实物标准或参考数据时，则所得到的两个输入量的估计值之间就存在相关性。

（2）多次测量的平均值和单次观测值之间存在相关性，测量次数越少，其相关性就越强。

（3）位置比较接近的两个物体的温度之间很可能有较强的相关性。

（4）有物理定律相联系的两个物理量之间往往会存在相关性。

当两个输入量的相关性很小时，我们可以近似地认为两者不相关来处理。

常用的合成标准不确定度计算流程见图 7－4。

5）扩展不确定度的确定

可用下列两种方法之一给出扩展不确定度。

（1）$U = ku_c$，一般 k 取 2 或 3。

（2）$U_p = k_p u_c = t_p(v_{eff})u_c$，根据包含概率 p 和有效自由度 v_{eff}，查分布临界值表得到 $t_p(v_{eff})$ 的值。

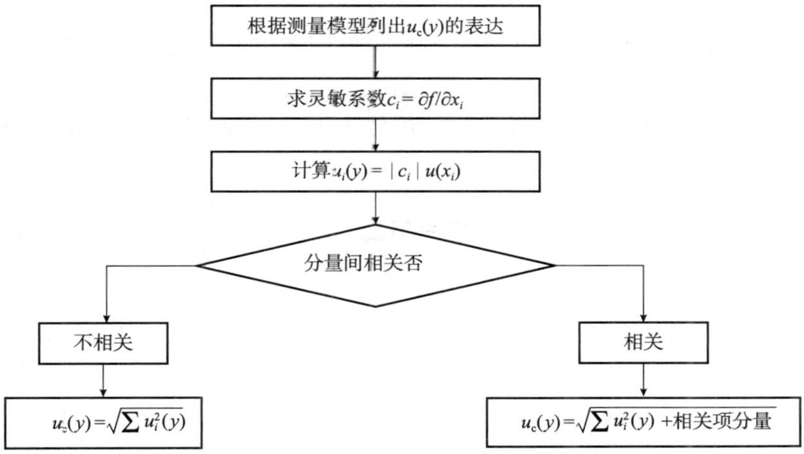

图 7－4　合成标准不确定度计算流程

具体采用何种方法来表示，应参照有关的计量检定规程或计量技术规范。

6)测量不确定度的报告与表示

报告测量不确定度有两种方式。一种是直接用(未扩展的)合成标准不确定度，另一种是使用扩展不确定度。

(1)使用合成标准不确定度。

①适用范围：

a. 基础计量学研究；

b. 基本物理常量测量；

c. 复现国际单位制的国际比对。

②应包括的内容：

当用合成标准不确定度报告测量结果的不确定度时，须注意：

a. 明确说明被测量的含义；

b. 给出被测量 Y 的估计值 y、合成标准不确定度 $u_c(y)$，及其单位，必要时还应给出有效自由度 v_{eff} 或 v_{effA}、v_{effB}；

c. 必要时也可给出相对标准不确定度 $u_{crel}(y)$。

(2)使用扩展不确定度。

当用 U 或 U_p 报告测量扩展不确定度时，应注意：

a. 明确说明被测量 Y 的定义；

b. 给出被测量 Y 的估计值 y，扩展不确定度 U 或 U_p 及其单位；

c. 必要时也可给出相对扩展不确定度 U_{rel}；

d. 对 U 应给出 k 值，对 U_p 应明确 p 值，推荐给出 v_{eff}，以便于不确定度传播到下一级。

(3)测量结果及其不确定度的有效位。

估计值 y 的数值和它的标准不确定度 $u_c(y)$ 或扩展不确定度 U 的数值都不应该给出过多的位数，通常 $u_c(y)$ 和 U[以及输入估计值 x_i 的标准不确定度 $u(x_i)$]最多为两位有效数字。

通常 $u_c(y)$ 和 U 最多为两位有效数字，可以理解为取 1 位和 2 位皆可以，2 位以上是不允许的，这是指最后结果的形式，计算过程可保留多位(未做具体规定)。

一旦测量不确定度的有效位数确定了，则应采用它的修约间隔来修约测量结果确定其有效至哪一位，也就是说，当采用同一测量单位来表述测量结果和其不确定度时，它们的末位应是对齐的。

思考与练习

1. 什么是准确度、精确度？
2. 简述有效数字修约规则。
3. 简述不确定度评定的流程。
4. 简述测量不确定度的来源。
5. 简述误差与测量不确定度的区别。
6. 试列举出两种测量不确定度的评定方法。

第 8 章 实验室 HSE 管理

保护化验人员的安全和健康，保障设备财产的完好，防止环境的污染，保证实验室工作有效地进行是实验室管理工作的重要内容。本章根据中国石化实验室 HSE 管理办法，结合高含 H_2S 实验室工作的特点，从实验室布局设计、设备设施和危险化学品管理等方面，对实验室 HSE 管理要求进行讲解。

8.1 实验室布局设计

8.1.1 实验室布局

(1)实验区与办公休息区分设，涉及挥发性危险化学品或危险工艺的实验室，操作控制室和办公休息区应与实验区分别设置通排风系统，玻璃视窗宜采取防爆措施。

(2)安全出口门应向疏散方向开启且采用平开门；实验室内平面立面设计合理，设置安全通道。

(3)使用、产生可燃气体的实验室应采取强制通风措施，以防出现气体流动死区。

(4)实验室应按要求设置消(气)防器材并定期检查和维护，确保器材处于良好状态。

8.1.2 化学试剂间、样品间

(1)实验室应建立化验分析用试剂间、样品间，根据储存化学品的特性，分类储存，化学试剂间、样品间应采取相应的防火、防水、防晒、防静电和干燥、通风等措施。严禁在实验室内储存、堆放杂物。实验用的危险化学品要按照规定储存在危险化学品库房内。

(2)化学试剂(样品)间门窗应采取防遗撒、防渗漏措施。门窗应符合国家和地方公安部门对危化品试剂库或试剂间有关防盗的管理规定，危化品试剂库或试剂间设置防盗监控设施。

8.1.3 气瓶间

(1)气瓶间门应向疏散方向开启且采用平开门，具有良好的通风条件，保持阴凉、干燥。

(2)应按要求对气瓶进行分类，并分区存放。同一气瓶间不得同时存放氧化性和还原性气体。

(3)易燃、助燃气体或有毒气体气瓶间应单独设置房间或有效隔离，气瓶应距明火热源 10m 以上(不能达到时，应有可靠的隔离防护措施)。

(4)气瓶间的一般大型气瓶(40L 以上)应设有直立稳固的气瓶柜或防倒链等气瓶防倾倒设施。

(5)气体管道检漏合格后方可投入使用，并定期进行检查。

(6)实验室内的其他气体(除易燃、助燃气体或有毒气体)气瓶应控制在最小需求量。备用气瓶、空瓶不应存放在实验室内。

8.1.4 实验室通风系统

(1)实验室应有良好的通风系统。

(2)使用或产生可燃气体或可燃蒸汽的实验室，应选用防爆风机系统，并与检测报警系统联锁。

(3)实验室电线和水、暖、通、气体管路应定期查验维修，遇老化时应更新改造。

8.1.5 安全警示标识

实验室应有明显的安全标志，标志应保持清晰、完整。警示牌上应列出紧急联络人员或安全责任人的名字及电话。安全标志包括：

(1)化学品危险性质的警示标签。

(2)消防安全标志。

(3)禁止、警告、指令、提示等永久性安全标志。

(4)工作场所职业病危害警示标识。

8.2 危险化学品管理

8.2.1 危险化学品定义及分类

危险化学品是指具有毒害、腐蚀、爆炸、燃烧、助燃等性质，对人体、设施、环境具有危害的剧毒化学品和其他化学品。主要分为爆炸品、压缩气体和液化气体、易燃液体、易燃固体、氧化剂和有机过氧化物、有毒品、放射物品和腐蚀品。根据不同的标准和国家法规，危险化学品的分类可进一步细化。

(1)爆炸品。这类化学品在受热、撞击、摩擦等外界作用下能迅速发生剧烈化学反应，产生大量气体和热量，导致爆炸，如 TNT、烟花爆竹等。

(2)压缩气体和液化气体。包括在压力下压缩的气体、液化的气体或加压溶解的气体，如氧气瓶中的氧气、液化石油气等，它们在受热或物理冲击时可能造成容器破裂，引起火灾或爆炸。

(3)易燃液体。这类物质在常温下易挥发，其蒸汽与空气可形成爆炸性混合物，如汽油、酒精等，闪点较低，容易点燃。

(4)易燃固体、自燃物品和遇湿易燃物品。包括易于燃烧的固体材料、无须外部火源即可自行发热燃烧的物质，以及遇到水或潮湿空气能迅速反应产生可燃性气体的物质。

(5)氧化剂和有机过氧化物。能够氧化其他物质，释放出氧气，从而加剧或导致燃烧，如高锰酸钾、过氧化氢等。

(6)有毒品。对人体会造成中毒或有致命影响的物质，包括吸入、食入或皮肤接触等途径，如氰化物、重金属盐等。

(7)放射性物品。含有放射性核素，能发射射线的物质，如钴－60、铯－137 等，对生物组织有损伤作用，可能引发癌症。

(8)腐蚀品。能灼伤人体组织或对金属等物品造成损坏的物质，如硫酸、盐酸、氢氧化钠等。

8.2.2　领取

各单位应按品种、规格、单位、数量和用途等建立危险化学品管理台账，领取剧毒化学品、易制毒、易制爆化学品时应严格执行“双人收发、双人保管”制度，并应填写专用登记表。

8.2.3　存储

(1)易挥发、剧毒化学品应存储于化学试剂(样品)间专用储存柜或保险柜内，保证通风良好。化学试剂间和化学试剂储存柜不允许存放其他杂物，实验通风柜内不允许存放化学试剂及杂物。

(2)需要低温储存的易燃、易爆化学品应存放在专用防爆型冰箱内。

(3)腐蚀性化学品应单独放在耐腐蚀材料制成的储存柜或容器中。

(4)实验室严禁存放剧毒化学品和爆炸品，按需领用。

(5)实验室应控制危险化学品存放总量，除压缩气体、液化气体、剧毒化学品和爆炸品以外的危险化学品总量不超过 100L(kg)，其中易燃易爆性危险化学品总量不超过 50L(kg)且单一包装不超过 25L(kg)。实验台化学试剂架上只暂放当天用量，用完后应放回储存柜。

(6)危险化学品储存容器应按相关要求张贴安全标签；自配制标准溶液容器上的标签内容应包括：名称、配制浓度、配制人、配制日期、有效期。对存放的危险化学品应定期进行检查、清理，发现过期、失效、包装损坏和无标签或标签脱落损坏而无法辨认的应立即进行处理。

(7)危险化学品应根据物理化学性质分类存放，应做到安全、牢固、整齐、合理，保持“账、卡、物”一致。

8.2.4　使用

(1)应按照相关要求及时更新危险化学品安全技术说明书，并放在方便获取处，操作人员应掌握危险化学品的基本特性和应急处理方法。

(2)对危险化学品进行转移或分装到其他容器内时，转移或分装后的容器应及时贴上标签。发现试剂瓶上标签脱落或模糊时要立即更换。

(3)使用危险化学品时应定位放置、用后复位。

(4)危险化学品实验事先应制定包含 HSSE 内容的实验方案。

(5)取用化学试剂时，应轻拿轻放，防止震动、撞击和倾倒、颠覆；用后应及时盖紧原瓶盖。禁止用手直接取用化学试剂。禁止化学试剂入口或直接接近瓶口鉴别。

(6)危险化学品实验应在通风柜内或通风良好处进行。

(7)不得把多余的或使用过的化学试剂倒回原瓶，未经批准，不得将化学试剂带出实验室。

(8)使用剧毒、易制爆化学品实验时，应有两人以上方可进行，一人操作，一人监护。操作时应考虑危险化学品的特性并按照仪器设备操作规程执行。

(9)严禁用火焰或明火电炉、烘箱直接加热易燃、易爆物品。若因分析需要直接加热，分析现场需放置相应的消防设施，分析时现场不得离人。

(10)强氧化剂和强还原剂应分开存放，使用时轻拿轻放，远离热源。

思考与练习

1. 实验室安全警示标识有哪些？
2. 实验室布局设计主要从哪几方面考虑？
3. 化验室常用的危险化学品是如何分类的？
4. 剧毒危险化学品存储的注意事项有哪些？
5. 简述危险化学品的管理及领用程序。

后　记

能源安全和粮食安全是国家的生命线，习近平总书记强调能源的饭碗和中国的饭碗都必须牢牢端在自己手里。高含硫气田是保障能源安全、助力粮食安全的重要力量，在我国拥有近4万亿立方米的资源量，安全高效开发该类资源意义重大。普光气田是我国首个成功开发并安全平稳运行至今的特大型海相高含硫气田，先后建立了我国高含硫气田开发技术体系和人才高地，引领我国高含硫气田安全高效开发，带动我国涉硫装备及材料技术进步，使我国成为世界上少数几个掌握高含硫气田开发核心技术的国家之一和世界唯一具备高含硫气田开发装备全产业链的国家。

气田的化验分析是天然气开发中的一项基础工作，它贯穿于气田勘探、开采、加工、输送、贸易的各环节，更是保障天然气生产系统安全、高效、高质量运行的关键。面对高含硫气田安全挑战、保护生态环境、全过程实施质量控制、持续的创新工艺，化验分析又是排头兵。为更好地支持我国高含硫气田安全高效开发和现场岗位实践，在气田前期编著的《高含硫气田化验工》和《天然气净化装置分析化验》等教材的基础上，结合近些年技术发展和经验更新编修了《化验与分析》，这既是编著的最终成果，也是普光气田开发建设的重要成果之一。

本书是一本集理论和实操于一体的培训教材，通过对高含硫天然气采输、净化相关化验和分析技术地深入研究和系统梳理，并紧密结合普光气田生产现场实际编写，能够科学有效指导职工岗位实践，提升培训的实用性和针对性，促进职工素质能力提升，对保障气田安全高效开发具有重要作用。

在编写过程中，吴红旗、杭广社、杨大静、马志建全程统筹协调，确保编写工作高质量推进。古小红结合多年积累的丰富的高含硫气田开发理论知识和实践经验，带领编写组查阅了大量的文献资料、研究成果以及高含硫实验室的实践经验，认真听取并采纳了培训教师、化验室技术员和岗位员工就内容取材与编写提出的宝贵意见和建议，反复推敲，数易其稿，力求将本专业最准确实用的知识呈现给读者，让读者更好地理解和掌握这门专业性较强的技术。张庆生、李中超、朱德华、尹琦岭、商剑峰等专家给予了重要的指导和宝贵的支持与帮助，他们的建议和意见使本书的内容更加丰富、科学、全面。

衷心感谢所有参与教材编写审核工作的同事和专家，还要感谢那些在百忙之中抽出时间为本书提供案例和数据的一线工作人员，他们的付出让本书更具有实践指导意义。特别向曾经在高含硫气田勘探开发领域做出重要贡献的工作者致以崇高的敬意，他们在气田开发初期筚路蓝缕、艰苦创业、不懈探索，为我国高含硫气田开发事业的发展做出巨大的贡献，他们的经验和智慧是本书的重要理论和实践基础，他们崇高的科学家精神和石油人精神激励着我们不断前行，也让我们更加坚定将这些宝贵知识世代相传的决心。

对于广大读者，希望这本书能够成为你们学习分析与化验技术的良师益友。无论是从事分析与化验工作的专业人员，还是对分析与化验领域感兴趣的读者，都能从本书中获得有益的知识和启发。当然，由于我们的水平有限，书中难免会存在一些不足之处，欢迎大家批评指正，我们将不胜感激。

最后，要感谢出版社的编辑们，他们的专业精神和辛勤工作让这本书得以顺利出版。他们对书稿的精心编辑和排版，使本书的质量得到了极大的提升。

时光荏苒，岁月如梭。化验与分析技术的发展是一个不断发展的过程，相信随着自动化、信息化、数字化、智能化的演进，这门技术将会迎来新的高潮。希望本书能够为分析与化验技术的发展起到助推作用，也希望更多的人能够关注和参与到这一领域的研究和实践中来，为我国的高含硫检测领域的发展做出更大的贡献。

本书编写组